David Santillan Estrada
Mario Edgar Esparza Vela
Eduardo Santellano Estrada

Agendas de inovação pecuária no noroeste do México

David Santillan Estrada
Mario Edgar Esparza Vela
Eduardo Santellano Estrada

Agendas de inovação pecuária no noroeste do México

Cadeias de valor prioritárias

ScienciaScripts

Imprint

Any brand names and product names mentioned in this book are subject to trademark, brand or patent protection and are trademarks or registered trademarks of their respective holders. The use of brand names, product names, common names, trade names, product descriptions etc. even without a particular marking in this work is in no way to be construed to mean that such names may be regarded as unrestricted in respect of trademark and brand protection legislation and could thus be used by anyone.

Cover image: www.ingimage.com

This book is a translation from the original published under ISBN 978-620-3-88467-8.

Publisher:
Sciencia Scripts
is a trademark of
Dodo Books Indian Ocean Ltd. and OmniScriptum S.R.L publishing group

120 High Road, East Finchley, London, N2 9ED, United Kingdom
Str. Armeneasca 28/1, office 1, Chisinau MD-2012, Republic of Moldova, Europe
Printed at: see last page
ISBN: 978-620-7-39037-3

Copyright © David Santillan Estrada, Mario Edgar Esparza Vela, Eduardo Santellano Estrada
Copyright © 2024 Dodo Books Indian Ocean Ltd. and OmniScriptum S.R.L publishing group

Conteúdo

INTRODUÇÃO

A importância das actividades agrícolas e florestais no México pode ser vista de diferentes perspectivas, entre as quais as mais relevantes são os aspectos sociais, económicos, culturais e ambientais.

De acordo com a OCDE (2011), a agricultura é um sector relativamente pequeno no México, atrasado em relação ao total da economia e com uma quota de cerca de 4% do PIB em 2009. No entanto, a sua importância social e económica é muito grande, uma vez que dá emprego a cerca de 13% da força de trabalho, o que representa cerca de 3,3 milhões de agricultores e 4,6 milhões de trabalhadores familiares assalariados e não remunerados. Ainda mais relevante é o facto de cerca de 24% da população total viver em zonas rurais.

Por seu lado, o INEGI (2021), afirma que o sector agrícola e florestal alimenta 126 milhões de mexicanos; além disso, os produtores agrícolas são uma parte fundamental dos Objectivos de Desenvolvimento Sustentável; 19% dos agregados familiares mexicanos dependem economicamente, direta ou indiretamente, do sector; metade da população rural encontra-se numa situação de pobreza e necessita de programas de apoio. A importância social e económica do sector reside no facto de representar 4% do valor das exportações do país, sem considerar as exportações de produtos agrícolas transformados, e de gerar emprego para 12% da população ativa do país. No aspeto ambiental, é um fator chave em termos de estratégias para mitigar as alterações climáticas e preservar o ambiente, bem como para preservar os recursos hídricos, é fundamental atender à agricultura devido ao seu elevado (e geralmente ineficiente) consumo de água; na área da conservação da biodiversidade, existe uma estreita relação com a atividade agrícola e a utilização sustentável dos recursos naturais.

No México não existe um serviço específico de extensão agrícola propriamente dito, mas na maioria dos casos, os produtores agrícolas e pecuários recebem assistência técnica através do acesso aos vários programas de apoio do Ministério da Agricultura e Desenvolvimento Rural como parte integrante destes programas. A assistência técnica é realizada através do sector privado, ou seja, prestadores de serviços profissionais (PSP), cuja função é implementar programas de planeamento estratégico, formulação de projectos, acesso a recursos públicos, aconselhamento técnico, estratégias empresariais e formação, entre outros, com o objetivo de apoiar os produtores rurais a aumentar a sua eficiência e facilitar a sua incorporação nas cadeias de valor (OCDE, 2011).

Este documento apresenta a análise realizada nos Grupos de Extensão e Inovação Rural (GEIT), no âmbito do Programa de Desenvolvimento Rural Integral do Ministério da Agricultura, Pecuária, Desenvolvimento Rural, Pesca e Alimentação (SAGARPA) México, do Componente Extensão e Inovação Produtiva, para a elaboração das Agendas de Inovação, com a participação dos diferentes actores das cadeias produtivas prioritárias nos diferentes territórios dos estados da região Noroeste do México, neste caso os estados de Baja California, Chihuahua e Sonora.

As informações apresentadas são o produto de reuniões de trabalho e análise em 2015 e 2016, com a participação de produtores das cadeias de valor analisadas, extensionistas do Ministério da Agricultura e Desenvolvimento Rural (SADER, antigo SAGARPA), bem como instituições de ensino superior, o Instituto Nacional para o Desenvolvimento das Capacidades do Sector Rural (INCA rural) e a Universidade Autónoma de Chihuahua através da Faculdade de Zootecnia e Ecologia.

Entre as principais ferramentas metodológicas que foram utilizadas nas oficinas de análise de reflexão com os participantes das cadeias produtivas analisadas estão a proposta metodológica do CONOCER (Consejo Nacional de Normalizacion y

Certificacion de Competencias Laborales), uma entidade paraestatal sectorizada no Ministério da Educação Pública do México, na qual participam representantes dos trabalhadores, dos empregadores e do Governo; Especificamente, a Norma de Competência EC0818 "Facilitação de processos de inovação para a melhoria competitiva com pessoas, grupos sociais e organizações económicas", que considera as funções elementares que uma pessoa deve desempenhar no que diz respeito à facilitação de processos de gestão da inovação com pessoas/grupos sociais/organizações económicas, centrados na melhoria competitiva da sua atividade económica.

As Agendas de Inovação incluídas nesta publicação abrangem os estados mexicanos de Baja California, Chihuahua e Sonora e, dentro de cada estado, estão incluídas diferentes regiões, Distritos de Desenvolvimento Rural ou municípios, com análises e propostas nas cadeias de valor da Carne de Bovino, Láctea e Suína.

CAPÍTULO I

AGENDA BOVINOS CARNE - ENSENADA, BAJA CALIFORNIA

Este documento foi construído com a participação de extensionistas e produtores que participaram do trabalho realizado no âmbito do Grupo de Extensão e Inovação Territorial "GEIT PECUARIO ENSENADA" do Componente de Extensão e Inovação Produtiva 2016. Com base neste estudo, o objetivo é implementar a agenda de inovação para a gestão do conhecimento na cadeia de valor Vaca - Gado na Baixa Califórnia.

Com base na análise da informação sobre os recursos naturais disponíveis no território, o clima e a experiência dos produtores na atividade, as tendências do mercado e de acordo com os critérios estabelecidos no workshop para a construção da Agenda de Inovação com uma abordagem participativa, foi selecionada como prioritária a cadeia de produção de Cow-Can, uma vez que inclui produtores de baixa escala económica, com potencial produtivo e económico para os produtores, identificando também que têm possibilidades de melhorar a produtividade, a qualidade e a capacidade de desenvolver um projeto estratégico que irá estimular a economia da região.

De acordo com os resultados dos exercícios realizados no desenvolvimento do seminário, o problema da atividade pecuária na região apresenta-se nas ligações de produção, tais como problemas sanitários e gestão deficiente do gado, baixos parâmetros de produção e deterioração dos recursos, o que tem um impacto direto no rendimento das unidades de produção. Os principais compradores no mercado são identificados como exportadores na fronteira, que recolhem o produto para a sua posterior introdução no mercado americano.

O presente documento propõe acções que abordam cada elo da cadeia de valor, mas identifica a necessidade de dar prioridade aos múltiplos desafios que têm de ser enfrentados para alcançar o objetivo de três formas principais

1. Melhorar os rendimentos
2. Reduzir os custos de produção
3. A conservação dos recursos, que, em última análise, beneficia o rendimento do agricultor e permite uma melhor qualidade de vida.

CARACTERIZAÇÃO DA CADEIA DE PRODUÇÃO VACA-VACA NO ESTADO DA BAJA CALIFÓRNIA

IMPORTÂNCIA ECONÓMICA

A pecuária extensiva é de grande importância no contexto socioeconómico da região norte do México: juntamente com o resto do sector primário, esta atividade produtiva tem sido a base do desenvolvimento da indústria pecuária, fornecendo alimentos, matérias-primas, divisas, emprego e distribuição de rendimentos no sector rural. Por outro lado, utiliza recursos naturais que não são adequados para a agricultura ou outras actividades, transformando-os em carne e outros produtos. O sistema vaca-ovino tem como principal objetivo a produção de bezerros para exportação e de animais industriais para consumo interno. No entanto, a sua produtividade depende, em grande medida, da qualidade e quantidade de forragens disponíveis nas explorações, bem como da implementação de tecnologias que tornem o sistema de produção mais eficiente.

No entanto, atualmente, devido a uma combinação de factores ecológicos e de gestão, os níveis de produção desta atividade são baixos. As percentagens de parto mal ultrapassam os 50%. O peso ao desmame situa-se, em média, entre 140 e 160 kg, o que está longe do mínimo desejável, tendo em conta a qualidade genética do efetivo bovino do norte do México. Para aumentar estes índices de produção, é necessário implementar uma série de práticas de maneio do gado, tais como programas adequados de gestão sanitária, nutricional, reprodutiva e de comercialização, entre outros. O objetivo da presente Agenda de conhecimentos é colocar à disposição dos produtores do sistema bovino da região um pacote de acções baseadas nas boas práticas de gestão geradas e validadas pelo INIFAP e outros Centros de Investigação.

A cadeia da bovinicultura de corte tem início nas fazendas de gado, que tradicionalmente utilizam o sistema vaca-bezerro, que consiste na exploração do gado de corte em regime de pasto, cuja atividade básica é a venda de bezerros principalmente para exportação, com produtores dedicados à produção de gado de corte das diferentes raças produtoras de carne.

Os animais de refugo (geralmente vacas magras, velhas e improdutivas, bem como touros velhos e inférteis) são comercializados diretamente em matadouros municipais ou em instalações TIF. Por vezes, são submetidos a um período de pré-engorda para ganharem quilos, num período de 30 a 60 dias, antes de serem destinados ao abate. As carcaças destes animais, não classificadas e de baixa qualidade, são depois enviadas para talhos populares onde são adquiridas pelo consumidor.

Quando as vacas produzidas em sistema de vacaria atingem o peso de desmame, muito influenciado pelas condições ambientais e pelo preço de mercado, são maioritariamente vendidas a intermediários que, por sua vez, as vendem aos criadores, que as preparam para a exportação, sobretudo no caso dos vitelos machos. São muito poucos os pequenos produtores que exportam eles próprios os seus vitelos.

Os vitelos comercializados para exportação são de qualidade genética superior e podem ser de raças puras ou de cruzamentos comerciais. São vendidos com os números 1, 1,5, 2 e 3, de acordo com a sua classificação, baseada na qualidade genética e no peso. Os restantes animais (machos de menor qualidade genética e fêmeas) são encaminhados para centros de recolha para venda direta ou leilão; destinam-se à engorda intensiva em explorações locais ou regionais.

No México, o consumo de carne bovina está em segundo lugar, com cerca de 2,0 milhões de toneladas por ano, depois da carne de frango; no entanto, a tendência é negativa, pois a sua taxa média de crescimento anual (TMA) é de 1,5%, enquanto o volume de produção é de cerca de 1,8 milhões de toneladas por ano, representando uma TMA de 3,1%. Em 2012, importaram 265.000 toneladas, enquanto as exportações cresceram 52,2% com 154.000 toneladas (El Economista.com.mx).

No país, a Baixa Califórnia ocupa o quinto lugar na produção de carne de bovino, com 146.480 toneladas por ano em 2014. Existem 207 rebanhos no estado com um total de 37.631 cabeças. Possui um matadouro do tipo TIF, 10 matadouros privados e um matadouro municipal, que juntos representam uma capacidade instalada para o abate de 39.400 cabeças.

IMPORTÂNCIA SOCIAL

Desde os seus primórdios, o sector pecuário foi identificado com uma notável capacidade de valor de troca nas transacções de bens e serviços nas comunidades rurais, mais tarde foi a formação de organizações como sociedades complexas, e hoje em dia o sector pecuário é uma presença vital na economia, capaz de abastecer o mercado interno e de exportar.

Os produtores têm vindo a desenvolver uma atividade de criação extensiva de gado na maioria das comunidades rurais do México. Esta atividade tem-lhes permitido subsistir de forma irregular. As instalações adequadas para uma gestão eficiente são mínimas devido à falta de recursos económicos, razão pela qual é necessário organizarem-se e recorrerem ao governo e às organizações de apoio rural para trabalharem num esquema de produção e gestão mais eficiente.

Atualmente, as actividades pecuárias são pouco produtivas devido a vários factores, incluindo a falta de organização, formação, comercialização, entre outros, e principalmente devido à seca, que tem vindo a aumentar nos últimos anos e que conduziu a uma deterioração progressiva das terras agrícolas e dos paddocks, resultando num menor rendimento das actividades agrícolas, o que acabou por obrigar os produtores a procurar oportunidades de trabalho nos Estados Unidos.

A atividade pecuária extensiva no estado envolve cerca de 2.000 produtores, principalmente de gado comercial para exportação, dos quais 89% possuem um rebanho inferior a 50 vacas. No meio rural, coexistem diferentes níveis de tecnologia e tamanhos de rebanho que partilham a utilização dos recursos naturais; por um lado, estão os altamente tecnificados com investimentos e níveis de capitalização aceitáveis e, por outro lado, os pequenos produtores apresentam uma certa estabilidade económica, uma vez que lhes proporciona liquidez ao longo do ano, bem como a utilização dos recursos naturais e dos resíduos derivados das suas actividades.

Não existe informação registada sobre o número de postos de trabalho directos e indirectos que a atividade gera para a economia do Estado, embora, devido à dimensão da base social que participa e ao sector produtivo a que a cadeia está ligada, se presuma que seja de grande importância, uma vez que envolve não só os produtores de gado, mas também os colectores de gado, a indústria transformadora e os produtores de gado de engorda e de leite.

TENDÊNCIAS DO MERCADO

Uma das particularidades do mercado da carne é o facto de ser um mercado de mercadorias, considerando que, neste contexto, não se trata de um mercado de vendedores, mas de um mercado de compradores, que, pela sua natureza, define as suas necessidades em função, durante cerca de 5 a 7 anos, das tendências de consumo do utilizador final. O mercado da carne apresenta duas características: 1) o facto de o mercado ser controlado por compradores regionais e 2) o facto de a oferta de carne, embora não oligopolística, ser uma mercadoria. A combinação destas duas variáveis significa que o produto enquanto tal é oferecido sob três perspectivas:

- Como matéria-prima.
- Como produto semi-transformado.
- Como produto transformado.

Nos últimos anos, a produção de carne de bovino foi substituída pela produção de carne de frango, que manteve uma taxa de crescimento de 4,9% nos últimos 10 anos, ocupando mais de 45% da produção nacional de carne, com uma produção de 2.580.000 toneladas em 2008. De acordo com dados oficiais, as famílias mexicanas gastam em média 22% do total das suas despesas com alimentos e bebidas em produtos de carne.

O sector nacional da carne explora atualmente cerca de 110 milhões de hectares (56% do território nacional). Existem cerca de 3,1 milhões de unidades de produção cujo valor da produção representou 45% da produção agrícola do país em 2007.

Enquanto no centro e sul do país predomina a produção extensiva, nos estados do norte predomina a produção intensiva e com maior testemunho. O número de produtores que participam da geração de valor dentro da cadeia produtiva da carne é pequeno, dos quais basicamente:

/ 3 empresas são responsáveis por 54% da produção nacional de frango.

/ 10 compamas contribuem com 44% da produção de ovos.

/ 7 empresas ou produtores individuais representam mais de 35% da produção de carne de suíno.

O crescimento do consumo de carne no México diminuiu de uma taxa de 4% em 2005 para 2% nos anos seguintes, com uma recuperação para mais de 3% em 2008. Com base na CNA e na população do país, determinou-se que o consumo per capita de carne de porco, frango e vaca em 2008 foi de 16,3, 28,1 e 18,7 kg, respetivamente.

Por outro lado, o mercado nacional de carne de bovino está atualmente a ser coberto sobretudo por produtores dos Estados Unidos da América, através da sua empresa comercial US Meat Export Federation, que entrou nas lojas de autosserviço das principais cidades do país, pelo que é importante que os produtores nacionais de carne de bovino não percam de vista quem são os seus principais concorrentes no mercado nacional.

É importante notar que, para além das preferências dos consumidores em relação à carne, o preço é o fator fundamental que determina a procura na maior parte da população mexicana, que será afetada por alterações tanto no preço dos produtos de carne como no nível de rendimento dos consumidores.

De acordo com os dados oficiais, as famílias mexicanas gastam, em média, 22% do total das suas despesas com alimentos e bebidas no consumo de carne. Destes 22%, 80% são gastos em carne fresca e os restantes 20% em produtos transformados, como fiambre, salsicha e chouriço.

Os alimentos consumidos pelos mexicanos são comprados em supermercados e grandes superfícies, grandes armazéns e lojas de desconto e, em menor escala, em lojas especializadas ou gourmet.

As vendas ao consumidor final no México podem ser divididas em dois grandes blocos: por um lado, as cadeias de autosserviço, as lojas de conveniência, os grandes armazéns e as lojas especializadas e, por outro, os retalhistas independentes (lojas tradicionais - chamadas abarrotes no México - e bancas de rua).

O principal produto das exportações de gado mexicano são os animais jovens para acabamento, principalmente nos Estados fronteiriços dos EUA.

O estado de Chihuahua destaca-se com 51,3% do número total de vitelos e novilhas exportados em 2008.

A outra rubrica importante nos últimos anos tem sido a exportação de carne fresca (desossada), refrigerada ou congelada para países asiáticos como o Japão e a Coreia, sendo que os EUA continuam a ser o principal cliente com mais de 50% da carne exportada, com um total de 14.672 toneladas em 2008; E como países importadores de carne mexicana com quantidades inferiores a quatro mil toneladas, destacam-se no mapa a América Central, Porto Rico e a Rússia, um dos principais importadores de carne do mundo, que está a começar a importar carne mexicana, principalmente equina e, em menor escala, bovina.

De acordo com as estimativas do USDA, o consumo mundial de carne deverá aumentar 1,9% ao ano durante o período 2014-2023 e, por conseguinte, a procura de forragens aumentará significativamente, quer para consumo no estado fresco, quer para a indústria de rações.

MISSÃO, VISÃO E OBJECTIVOS DO GEIT

Missão

Somos um grupo de produtores em consolidação, cujo objetivo é optar por sistemas de produção mais eficientes, baseados em boas práticas que levem a cadeia de valor da carne de bovino a ser sustentável, sustentada e competitiva.

Visão

Ser um grupo reconhecido na utilização de boas práticas de produção e contribuir para a melhoria da produtividade e competitividade do sistema de produção bovino no Estado.

Objectivos

Melhorar a competitividade da cadeia de produção de "Cow-Can". Gerir o conhecimento através de uma agenda de inovação. Desenvolver e integrar os actores envolvidos na cadeia de valor.

METODOLOGIA

Para a elaboração deste documento, após uma revisão documental, foram realizados workshops no âmbito do Grupo Territorial de Extensão e Inovação (GEIT), com o tema "Identificação de Inovações para a Melhoria Competitiva da Cadeia Agroalimentar" onde, após a abordagem dos conceitos de produtividade e território, foi identificada e caracterizada a cadeia de valor e os actores que participam em cada elo da cadeia; Numa segunda sessão, após o feedback da sessão anterior, foi identificado o mercado alvo do grupo. Posteriormente, foi realizada uma dinâmica em que os processos caracterizados foram analisados por equipas de trabalho, considerando o problema e as diferentes acções recomendadas para o influenciar; finalmente, as inovações a serem desenvolvidas durante o ciclo 2015-2016 foram priorizadas, considerando os pontos de vista dos produtores, extensionistas e da agência executora.

ANÁLISE DAS PARTES INTERESSADAS

Quadro 1. Análise das partes interessadas

ACTORES	IMPORTÂNCIA	CONTRIBUIÇÃO PARA A COMPETITIVIDADE
Fornecedores de insumos Alimentos e sais minerais Máquinas e equipamentos Financiamento Assistência técnica	De grande importância para a cadeia, significam o início da atividade e, por vezes, financiam o produtor.	Insumos gerais a melhores preços para reduzir os custos de produção, compras em volume.
Produtores Ejidatarios Pequenos proprietários.	De grande importância para a cadeia, são o motor da atividade.	Organização das compras e das vendas, utilização correcta dos factores de produção.
Coleccionadores Compradores regionais.	De grande importância para a cadeia, regulam o mercado e fixam os preços.	Exploração do mercado, janelas de oportunidade.
Distribuidores Compradores regionais.	De grande importância para a cadeia, regulam os preços.	Informação sobre o mercado, janelas de oportunidade.
Consumidores Engordadores Indústria alimentar transformada.	De grande importância para a cadeia, dão o mote para aumentar a competitividade da cadeia.	Avaliação da qualidade do produto; definem as tendências tecnológicas do processo.

Fonte. Elaboração própria, trabalho de campo 2016.

IDENTIFICAÇÃO DA CADEIA DE VALOR.

Existem dois esquemas de comercialização de gado: 1) o integrado aos matadouros do tipo inspeção federal (TIF) e 2) o tradicional (não integrado) (Diagrama 2). Esses esquemas (tradicional e integrado) se diferenciam pelo tipo de gado destinado ao fornecimento de carne bovina e pelo mercado-alvo. No esquema tradicional, o produtor destina as vacas para abate por razões económicas e produtivas, pois desta forma adquire dinheiro imediato para reinvestir na produção enquanto termina o desmame dos vitelos (6 a 8 meses), que são o principal rendimento da componente carne. O gado para consumo local corresponde ao gado de refugo, uma vez que o principal objetivo do sistema de PD é a produção de vitelos ao desmame e de leite. No regime integrado, são oferecidos vitelos ao desmame, novilhos semi-acabados e acabados, sendo o seu principal objetivo a produção de carne. Assim, o produtor está mais preocupado em obter bezerros ao desmame do que gado para o mercado interno. No entanto, os vitelos que saem das explorações entram noutros ciclos de produção no regime integrado em que o produtor não participa.

Figura 1: Cadeia de valor do gado bovino.

Fonte. Trabalho de campo de 2016.

IDENTIFICAÇÃO DE PROBLEMAS E OPORTUNIDADES DE MELHORIA.

O problema da criação de gado no Estado é a baixa rentabilidade, que se deve a factores como os seguintes:

1. Um grande número de produtores de gado está envolvido nesta atividade, mas de forma independente.
2. Falta de instalações adequadas para o manuseamento dos animais para ferração, castração, descorna, vacinação e aplicação de medicamentos.
3. Preços baixos em animais para a compra ou venda de um único animal.
4. Os parâmetros de produtividade dos seus efectivos são muito baixos.
5. Deterioração das pastagens e dos recursos naturais.
6. Elevada migração da população masculina.
7. Falta de formação para a gestão técnica do efetivo pecuário, o que resulta em baixas percentagens de partos e baixos pesos dos animais.

Através de um exercício participativo durante o desenvolvimento do Workshop sobre a Identificação de Inovações para a Melhoria Competitiva das Cadeias Agro-alimentares, os participantes identificaram o problema geral da cadeia de valor da seguinte forma:

Ligação principal

1. A gestão inadequada dos recursos de pastagem, em que os períodos de utilização e de repouso dos piquetes não são respeitados, resultou em sobrepastoreio e erosão dos solos, um efeito agravado pelas alterações climáticas.
2. O baixo coberto vegetal das pastagens tem limitado a produção animal, obrigando a uma suplementação dispendiosa na maioria dos casos, agravada pela presença de plantas tóxicas e arbustos indesejáveis como resposta à má utilização das pastagens. Esta situação é agravada pela presença de plantas tóxicas e de arbustos indesejáveis como resposta à má utilização das pastagens e, por conseguinte, a uma redução do

efetivo pecuário.

3. A má aplicação das técnicas de gestão nas explorações pecuárias, tais como a utilização de registos de produção, a rotação dos piquetes, as épocas de acasalamento, a inseminação artificial, a alimentação e os programas sanitários, que ameaçam gravemente os níveis de produção.

4. A falta de garanhões geneticamente superiores para o pé do garanhão está a tornar-se um problema nas manadas de registo. Estes garanhões são necessários, pois após a realização dos seus programas de inseminação artificial serão utilizados em acasalamentos naturais e devem ter um elevado valor genético, o que pode ser colmatado com a troca de garanhões entre efectivos, mas no final é necessário que exista diversidade genética, caso contrário o progresso genético será comprometido.

5. A oferta insuficiente de garanhões e de fêmeas de substituição com apoio oficial afecta os produtores com baixos rendimentos, uma vez que a forma mais rápida de melhorar as explorações pecuárias comerciais é utilizar animais de melhor qualidade genética.

6. Atualmente, os índices de produção são baixos, como as percentagens de partos e os pesos ao desmame, que podem ser melhorados se forem aplicadas algumas técnicas de gestão.

7. A produção insuficiente de animais para abate está a tornar-se um problema, uma vez que a maior parte dos vitelos jovens e das novilhas se destina à exportação.

8. Organização do sector pecuário: em princípio, os criadores de gado deveriam reforçar a cadeia do gado bovino através da aplicação de programas de integração a todos os níveis horizontais e verticais, consolidando assim a indústria do gado como uma indústria.

9. Canais de comunicação deficientes entre produtores e técnicos especializados, uma vez que a maioria das explorações não dispõe de um profissional para atender às necessidades técnicas.

10. Falta de conhecimentos epidemiológicos sobre as doenças que afectam o gado, o que leva o agricultor a aplicar esquemas errados de vacinação e de medicina preventiva, que podem ser dispendiosos e ineficazes no final.

11. Falta de conhecimento da informação socioeconómica sobre os preços do gado e os mercados actuais, o que se traduz na venda de animais a preços fixados pelo intermediário.

Exportação

12. Para o mercado de exportação, a heterogeneidade da classe e do peso dos animais exige que se preste mais atenção ao sistema de produção de vacas e vitelos, a fim de reduzir a variabilidade entre raças e dentro de cada raça, de modo a obter um produto mais uniforme e consistente,

13. Há uma deficiente preparação dos vitelos que não permite dar valor acrescentado ao produto, pois implica um investimento que no final os animais ganham mais peso, mas são pagos a um preço mais baixo por libra, mesmo assim o produtor ou intermediário pode ser favorecido,

14. A penalização do preço de venda devido às exigências do mercado é outro problema a resolver através da produção de lotes homogéneos de raças de tipo europeu e seus cruzamentos com pelo comprido e boa conformação,

15. As restrições sanitárias à exportação, como os testes de tuberculose, devem ser cumpridas devido a problemas de saúde e segurança animal.

16. O custo do frete reduz as margens de lucro dos que estão diretamente envolvidos na comercialização de vitelos e novilhas para exportação.

Prados

17. Os elevados custos operacionais de estabelecimento e de fertilização fazem com que sejam pouco utilizados.

18. A utilização ineficiente da água limita a capacidade de obter um rendimento económico remunerador associado à falta de conhecimento da utilização de variedades geneticamente melhoradas.

19. Gestão inadequada das pastagens em termos de taxa de encabeçamento, tempo de pastoreio, rações adicionais e tipo de gado.

20. Pouca informação sobre o desempenho produtivo dos animais, por raça e cruzamento, com base na conformação e características de carcaça de bovinos produzidos em condições de pastagem irrigada.

21. Desconhecimento do potencial produtivo das espécies por parte dos produtores e das empresas de distribuição de sementes da região.

Caixas de engorda

22. Financiamento dispendioso e escasso.

23. Baixa capacidade para crescer e tirar partido das economias de escala.

24. A escassa produção local de cereais e forragens não permite que esta ligação seja competitiva, devido aos elevados custos dos factores de produção utilizados na produção de rações integrais.

25. Falta a integração da cadeia de produtores, engordadores e embaladores para obter um produto de alta qualidade e consistência uniforme.

26. Baixa rentabilidade porque a relação custo-benefício é limitada nas explorações que dispõem de infra-estruturas, mas que terminam com baixos volumes de animais.

27. Não cumprem as normas ambientais estabelecidas para a gestão dos excrementos.

IDENTIFICAÇÃO DE MELHORIAS NA PRODUÇÃO, TECNOLOGIA E PRÁTICAS ORGANIZACIONAIS

Durante o desenvolvimento dos exercícios, foram identificadas as seguintes oportunidades de melhoria da cadeia de valor no contexto das boas práticas:

Agostadero e produção de forragem:

- Densidade populacional e utilização da vegetação
- Obras de conservação da água e do solo.
- Distribuição adequada de bebedouros e salinas.
- Alternativas para a produção de forragens como apoio ao recurso pastagem.
- Controlo dos arbustos indesejáveis e das plantas tóxicas

Alimentação do gado:

- Estratégias de suplementação do gado em pastagens.
- Utilização de resíduos agrícolas e outros produtos.
- Utilização de sais minerais.
- Alimentação de vitelos pré-desmamados (desmame precoce).

Melhoramento genético:

- Comportamento e produtividade das raças de gado.
- Seleção para melhorar os pesos ao desmame e aumentar o rendimento da carcaça.

Gestão da reprodução:

- Períodos de acasalamento curtos.
- Avaliação da capacidade reprodutiva do garanhão.
- Diagnóstico da gestação para melhorar os índices de produção.
- Protocolos para a sincronização do cio.
- Utilização de Inseminação Artificial (IA).
- A ultrassonografia como ferramenta para medir a condição corporal em fêmeas.

Saúde animal:
♦ Gestão da saúde dos efectivos com programas adequados de medicina preventiva.
♦ Participação nos sinos oficiais para a erradicação da Tb. e da Br.
Aspectos económicos:
♦ Registos de produção em explorações pecuárias.
♦ Avaliação da rentabilidade das actividades pecuárias.
♦ Apoio governamental ao investimento, à organização e à comercialização.

Após a caraterização do território com vista à identificação das potencialidades e fraquezas em termos de recursos naturais, máquinas e equipamentos e recursos físicos e humanos, ao nível da unidade de produção, foi identificado o seguinte problema e a sua área de oportunidade, conforme o quadro síntese seguinte:

Quadro 2: Análise de problemas e oportunidades na cadeia de valor.

PROBLEMA	OPORTUNIDADE
Taxa de encabeçamento desactualizada (30 anos) na taxa de encabeçamento animal	Existe uma procura quase permanente no mercado, a oportunidade reside em encontrar janelas de venda.
A falta de recursos próprios limita a possibilidade de melhoramento genético do efetivo.	Existem programas de apoio que, se bem canalizados, podem favorecer a melhoria dos efectivos.
A gestão dos recursos utilizados na atividade produtiva é deficiente.	É possível e necessário melhorar a utilização dos recursos para tornar o processo de produção eficiente.
O processo de venda da produção é dominado pelo coletor, o que limita a capitalização do produtor.	É necessário promover regimes de associação que proporcionem capacidade de negociação ao produtor.

Fonte. Elaboração própria, trabalho de campo 2016.

MERCADO-ALVO

Através da descrição do processo atual e do processo ideal, conhecem o mercado-alvo, onde descobrem quais são as características e condições a que o produto a oferecer deve obedecer.

Quadro 3: Identificação do mercado-alvo e das condições necessárias.

REQUISITOS DO PRODUTO	CONDIÇÕES DE COMPRA
Vitelo 180 a 200 kg em 6 meses	Garantir a sua compra
	Geralmente paga em dinheiro
Animais de registo, os menos crioulos	Punir o preço pela qualidade
	Comportar-se de acordo com o mercado

Fonte. Elaboração própria, trabalho de campo 2016.

PROBLEMAS, ACÇÕES E INDICADORES DE MELHORIA

Através de sessões em que o grupo detectou o problema através do mapeamento da cadeia de produção, as inovações ou melhorias no processo são descritas na seguinte matriz.

Tabela 4: Identificação de problemas e inovações para a melhoria da competitividade.

PROBLEMA	INOVAÇÃO OU MELHORIA
Densidade animal excessiva nas pastagens (coeficiente 30 anos desatualizado).	Atualizar a taxa de povoamento
	Dividir o pasto em cercados (cercas)
	Gestão das pastagens

A falta de recursos próprios limita a possibilidade de melhoramento genético do efetivo.	Promover os regimes de capitalização e de poupança
	Apresentação de garanhões registados
	Depuração do efetivo (animais velhos e improdutivos)
A gestão dos recursos utilizados na atividade produtiva é deficiente.	Estabelecer a época de acasalamento
	Formação em suplementação animal
	Formação em gestão sanitária dos efectivos
O processo de venda da produção é dominado pelo coletor, o que limita a capitalização do produtor.	Promover a organização dos produtores em pequenos grupos, o que lhes dará a possibilidade de negociar melhores condições de comercialização.

Fonte. Elaboração própria, trabalho de campo 2016.

PRIORIDADE DAS INOVAÇÕES

Na necessidade de dar prioridade aos desafios a enfrentar para atingir o objetivo de melhorar a competitividade da cadeia, as equipas de trabalho concluíram pela priorização das acções identificadas a curto, médio e longo prazo.

Curto prazo
Suplementação estratégica
Ajustes de carga animal
Avaliação de garanhões
Financiamento
Programas de saúde
Processo de exportação

Médio prazo
Monda controlada
Registos de produção
Divisão dos paddocks
Diagnóstico da gestação
Distribuição de água

Longo prazo
Registos contabilísticos
Garanhões registados
Desmame precoce
Pré-embalagem de vitelos
Gestão e controlo das plantas tóxicas

Quadro 5: Resultados dos indicadores de medição

PRINCIPAIS RESULTADOS ESPERADOS E INDICADORES DE MEDIÇÃO					
Resultado esperado	Indicadores	Unidade de medida	Linha de base	Objetivo	Temporariedade
Restabelecimento das pastagens	densidade animal	cb/ha	50 ha./cb	45 ha./cb	Longo prazo
Melhoria da disposição de	Produtores envolvidos em poupança e financiamento	Produtor	0%	20%	Médio prazo
recursos próprios para a atividade produtiva	Aumento dos parâmetros de produção dos efectivos	Percentagem	50%	80%	Longo prazo
Melhoria das	Aumento percentual do	Cb	50%		Longo prazo

receitas graças a uma boa gestão dos recursos do processo.	número de vitelos à venda com o peso correto em menos tempo.				
Comercialização do produto em melhores condições	Volume transaccionado	Tonelada	0%	100%	Longo prazo
	Preços de venda	$	0%	10%	Longo prazo
	Capitalização dos produtores	Utilidade	0%	10%	Longo prazo

Fonte. Elaboração própria, trabalho de campo 2016.

ACTORES-CHAVE PARA A IMPLEMENTAÇÃO DE INOVAÇÕES

Quando são conhecidas inovações ou melhorias no processo da cadeia de produção, as responsabilidades são retiradas aos principais actores envolvidos na cadeia, para que sejam eles a ter a responsabilidade de as acompanhar e implementar, caso contrário o problema continuará a ser o mesmo e não haverá progressos.

Quadro 6: Actores-chave para a implementação de inovações.

INOVAÇÃO OU MELHORAMENTO	ACTORES-CHAVE
Atualizar a taxa de povoamento	INIFAP
Dividir o pasto em cercados (cercas)	Produtores
Gestão das pastagens	Extensionista e produtor
Promoção dos regimes de capitalização e de poupança	
Apresentação de garanhões registados	
Depuração do efetivo (animais velhos, poucos animais, poucos	Extensionista e produtor SAGARPA Extensionista e produtor
Estabelecer a época de acasalamento	Extensionista e produtor
Formação em suplementação animal	Extensionista e produtor
	Extensionista e produtor
	Extensionista e produtor
Formação em gestão sanitária dos efectivos	Extensionista e produtor
Promover a organização dos produtores em pequenos grupos que lhes dêem a possibilidade de negociar melhores condições de comercialização.	Extensionista e produtor Governo do Estado SAGARPA

Fonte. Elaboração própria, trabalho de campo 2016.

PONTOS FRACOS DA CADEIA DE VALOR

A atividade pecuária depende praticamente de um único mercado, que é a exportação de vitelos e novilhas para os Estados Unidos. Apesar de conhecerem as vantagens e desvantagens que isso representa, os produtores de gado estão relutantes em explorar outras alternativas, ainda mais considerando que o preço dos bezerros para exportação disparou nos dois últimos ciclos pecuários.

Além disso, a falta de financiamento, a má organização da produção, as poucas opções de mercado e os elevados custos dos factores de produção são os principais pontos fracos da cadeia que travam o desenvolvimento da pecuária.

Com a deterioração acentuada dos recursos pastoris, a utilização de suplementos para bovinos de carne no norte do país está a aumentar, aumentando significativamente os custos de produção.

Em geral, no Estado, há pouca ou nenhuma atividade de engorda de gado no curral, o que torna a pecuária menos competitiva nesta economia globalizada. Portanto, é necessário buscar alternativas que gerem valor agregado à produção extensiva, como a engorda de gado, para tornar a pecuária mais competitiva.

Em termos de reforço das capacidades para melhorar a competitividade da cadeia de valor, os grupos de trabalho concluíram o seguinte:

Formação em suplementação estratégica; ajustamento da taxa de encabeçamento; avaliação de garanhões; programas de saúde; acasalamento controlado; registos de produção; divisão de paddock; diagnóstico de gravidez; gestão e controlo de plantas tóxicas.

CAPÍTULO II

AGENDA PORCINOS - MEXICALI, BAJA CALIFORNIA

Este documento foi construído com os extensionistas e produtores participantes do Grupo de Extensão e Inovação Territorial "GEIT Pecuario Mexicali" do Componente Extensão e Inovação Produtiva 2016.

A partir deste estudo, pretendemos implementar a agenda de inovação para a gestão do conhecimento da cadeia de valor da carne de porco na Baixa Califórnia.

Com base na análise da informação sobre os recursos naturais disponíveis no município, água, solo, clima, experiência dos produtores, tendências de mercado e de acordo com os critérios estabelecidos no workshop sobre a Agenda de Inovação com uma abordagem participativa, a Atividade da Carne de Porco foi selecionada como prioritária, devido à inclusão de produtores de baixa escala económica, com potencial produtivo e que geram valor para a economia dos produtores, identificando além disso que têm possibilidades de melhoria na produtividade, qualidade e com capacidade para desenvolver um projeto estratégico que detona a economia na região.

Nos últimos 8 anos, registou-se um aumento do consumo de carne de porco per capita, que passou de 15,1 quilos por pessoa em 2007 para 16,6 no final de 2014.

Quanto à principal apresentação do produto comercializado no território, é a venda de carne em carcaças, sendo comercializada fresca durante todo o ano, cerca de 180 carcaças por semana, principalmente em talhos e mercados ambulantes, observando-se um aumento da procura no final do ano. Atualmente, a produção local representa apenas 3,48% do mercado.

Quanto ao número de produtores especializados em suínos, em 2015 havia 33 registados em Mexicali, 20 em Ensenada, 22 em Tijuana e sete em Tecate.

Os grandes volumes de resíduos alimentares provenientes de restaurantes, fábricas de tortilhas, explorações frutícolas, etc., permitiram que a criação de suínos em quintais continuasse a funcionar de forma incipiente.

Os suinicultores especializados, os colectores de suínos, os talhantes, os açougueiros e os retalhistas em mercados sobre rodas são os principais intervenientes nesta cadeia.

Os suinicultores entregam os porcos na exploração e aos intermediários nos matadouros, que, uma vez abatidos, distribuem as carcaças aos seus próprios clientes, principalmente talhos e mercados ambulantes, onde a carne fresca é vendida ao consumidor final. Os produtores são os principais intervenientes no processo, pois são eles próprios que contactam o intermediário, acordam com ele a compra e venda, estabelecem o preço, a data de entrega e o pagamento.

Os principais problemas que dificultam a competitividade da suinicultura são: falta de formação e assistência técnica ao nível das explorações, o que leva a uma gestão inadequada das unidades de produção. Por outro lado, as más condições das infra-estruturas e equipamentos, na maioria dos casos improvisados e rústicos; o acesso limitado a financiamentos e apoios governamentais, bem como ao desenvolvimento e investigação, têm contribuído para o não crescimento da atividade na região. Por outro lado, as actuais formas de exploração não satisfazem as exigências dos mercados.

Este documento propõe acções abrangentes para cada elo da cadeia de valor, mas, ao mesmo tempo, identifica a necessidade de dar prioridade aos múltiplos desafios a enfrentar para atingir o objetivo em três aspectos fundamentais:

1. Criação e gestão da reprodução.
2. Conhecimento e sensibilização para as doenças notificáveis e emergentes.
3. Melhoria do desempenho organizacional.

CARACTERIZAÇÃO DA CADEIA DE PRODUÇÃO DE CARNE DE SUÍNO NO

ESTADO DA BAJA CALIFÓRNIA
Importância económica

A criação de suínos na Baixa Califórnia registou uma forte contração nos últimos anos devido à concorrência fronteiriça com as carnes importadas, bem como ao aumento dos preços dos cereais que constituem a base das rações para suínos.

A carne de porco é um produto que pode ser consumido fresco ou transformado; no caso do produto transformado, a utilização industrial da carne de porco tem sido afetada pela crescente incorporação de carne de aves, quer de frango quer de peru, que são utilizadas pela indústria de embalagem devido ao seu menor custo de produção, bem como pelas preferências da população consumidora, que exige cada vez mais carne fresca ou enchidos com baixo teor de gordura. Para além dos enchidos, a carne de porco tem outras utilizações industriais.

A cadeia de valor da suinocultura é a segunda mais importante em termos de atividade pecuária no estado. De acordo com os dados do SIAP no final de 2015, a população de suínos era de pouco mais de 10.000 cabeças. No contexto nacional, o Estado ocupa o último lugar na prática da suinocultura, superado até mesmo pelo seu vizinho Baja California Sur. O valor da produção alcançada é apresentado no quadro seguinte.

Quadro 7: Baixa Califórnia Produção, preço, valor, animais abatidos e peso 2015

Produto/Espécie	Produção (toneladas)	Preço (pesos por quilograma)	Valor da produção (milhares de pesos)	Animais abatidos (cabeças)	Peso (quilogramas)
GADO A PÉ					
GADO	147,861	29.30	4,331,626		**464**
SUÍNOS	1,118	23.56	26,346		**110**
OVINOS	629	28.51	17,926		**35**
GOAT	383	26.90	10,314		
SUBTOTAL	149,991		4,386,213		
AVE E PERU EM PÉ					
AVE	1,262	22.90	28,903		**2.33**
PEBRAS					
SUBTOTAL	1,262		28,903		
TOTAL			4,415,116		
CARNE EM CARCAÇA					
GADO	87,655	56.79	4,978,120	318,477	**275**
SUÍNOS	**870**	**36.73**	**31,962**	**10,162**	**86**
OVINOS	324	61.45	19,931	17,775	
GOAT	198	65.35	12,920	11,307	
AVE	969	37.93	36,732	540,083	**1.793**
PEBRAS					
SUBTOTAL	90,016		5,079,666		
LEITE					
GADO	169,557	5.55	941,538		
GOAT	459	4.17	1,917		
SUBTOTAL	170,016		943,455		
OUTROS PRODUTOS					
OVO PARA	24,395	15.73	383,724		

CHAPA					
MEL	87.256	43.00	3,752		
CERA EM GRENÁ	2.457	41.12	101		
LÃ SUJA					
SUBTOTAL			387,577		
TOTAL			**6,410,698**		

Fonte: SIAP, 2015.

IMPORTÂNCIA SOCIAL

Um estudo do governo estadual sobre a situação da suinicultura na Baixa Califórnia revela que, no estado, as unidades de produção são maioritariamente "quintal" (57), havendo apenas quatro unidades tecnificadas (duas em Mexicali e uma em Ensenada e Tijuana) e 21 unidades semi-tecnificadas, das quais 12 em Mexicali, oito em Ensenada e uma em Tijuana.

Por sua vez, o Gabinete de Informação do Estado para o Desenvolvimento Rural Sustentável da SAGARPA assinala que a utilização das unidades tecnificadas e semi-tecnificadas é de apenas 40,16 por cento da sua capacidade instalada para um efetivo que ronda, em média, os 12.000 animais, que em média são vendidos a 25,16 pesos por quilo por carcaça para uma produção total de cerca de 700 toneladas de carne.

Não há informação registada sobre o número de postos de trabalho directos e indirectos que a atividade gera para a economia do Estado, embora, pela dimensão da base social envolvida, se presuma que seja de baixa importância, enquanto esta atividade não for desenvolvida para contrariar a saída de capitais representada pela importação de carne de porco e seus derivados.

TENDÊNCIAS DO MERCADO

A produção estadual de 800 toneladas por ano, em média, é incipiente frente à entrada e oferta de produtores de outros estados, bem como frente à concorrência da carne importada que não atende às condições de frescor exigidas pela norma. O principal mercado natural para a carne suína produzida na região é justamente as principais cidades do estado, como Tijuana, Mexicali, Ensenada e Tecate. Tendo em conta a população total do estado de 3.155.070,001 e tomando como referência um consumo per capita de 16,6 Kg^2 , é necessário um volume de 44.170,98 toneladas para satisfazer o mercado regional.

No mercado nacional, o consumo de carne de porco no México aumentou 50% no período de 1990 a 2015, passando de 10,8 kg/habitante/ano em 1990 para 16,6 kg/habitante/ano. Vale a pena mencionar que, no mesmo período, a carne de peru aumentou 533%, passando de 0,3 kg/habitante/ano para 1,9 kg/habitante/ano. De um modo geral, o consumo de carne apresenta aumentos nas suas diferentes variedades, com exceção da carne de caprino, que estagnou nos 0,4 kg/habitante/ano.

Os factores que determinam o aumento da disponibilidade per capita de carne de porco são vários: em primeiro lugar, o modo de produção mudou: a criação de suínos é atualmente realizada em explorações altamente técnicas e semi-técnicas, em que a alimentação fornecida aos animais contribui para a obtenção de carne com uma menor quantidade de gordura, e a produção em quintais ficou aquém do autoconsumo.

Por outro lado, os produtores têm feito um grande esforço para criar unidades de produção que dêem valor acrescentado à carne de porco, entre os quais se encontram presuntos, chouriços, moronga, cecina enchilada, costeletas fumadas, chicharron, etc.

Em 2009, o consumo aparente de carne de porco no México foi de 1,66 milhões de toneladas, das quais 31% foram importadas.

Apesar de ser obrigatório que os animais sejam abatidos num matadouro que reúna as características de higiene e bom maneio, um número indeterminado destes bovinos é abatido em casa de alguns compradores que utilizam a carne para a elaboração de "CARNITAS" ou venda de carne fresca em mercados ambulantes, correndo os riscos sanitários que esta prática implica. Apenas os matadouros oficiais emitem certificados que garantem a qualidade e segurança da carne.

De acordo com estudos da Organização das Nações Unidas para a Alimentação e a Agricultura (FAO), "a carne vermelha mais consumida no mundo é a carne de porco, cuja procura registou um forte aumento nas últimas décadas. Este facto deve-se a alterações nos padrões de consumo resultantes do aumento dos rendimentos nos países em desenvolvimento com economias em rápido crescimento.

A China, a União Europeia e os Estados Unidos são responsáveis por mais de 86% da produção mundial, equivalente a 1 086 milhões de cabeças de suínos. Na União Europeia, a Alemanha e a Espanha são os principais produtores. Outros países que se destacam são o Brasil, a Rússia e o Canadá.

Em 2013, a produção mundial de carne de porco foi de 1,075 milhões de toneladas. Os principais produtores neste domínio são os mesmos que os mencionados para a produção de suínos: China, União Europeia e Estados Unidos, mas com uma concentração um pouco menor (quase 81 % da produção mundial de carne de porco está concentrada nestes três países).

Hong Kong lidera a lista dos países que mais consomem carne de porco, com mais de 74 quilogramas per capita por ano em 2013, quase o dobro do segundo classificado.

Os Estados Unidos, a Bielorrússia, a China e Taiwan rondam os 40 quilos por ano. A Suíça e a Coreia do Sul também se destacam com 32 kg per capita por ano cada (El sitio Porcino, 24 de outubro de 2014).

De acordo com as estimativas do USDA, o consumo mundial de carne deverá aumentar 1,9% por ano durante o período 2014-2023 e os envios de carne dos principais exportadores deverão aumentar 2,2% por ano. Prevê-se que o consumo de aves de capoeira aumente mais rapidamente do que o consumo de carne de porco.

MISSÃO, VISÃO E OBJECTIVOS DO GEIT

Missão

Somos um grupo de produtores em consolidação, cujo objetivo é optar por sistemas de produção mais eficientes, baseados em boas práticas que levem a cadeia de valor da carne de porco a ser sustentável, sustentada e competitiva.

Visão

Somos um grupo reconhecido em boas práticas de suínos, segurança, saúde e sustentabilidade na Baixa Califórnia.

Objectivos

1) Melhorar a competitividade da cadeia de produção de carne de porco. Gerir o conhecimento através da agenda de inovação.

2) Desenvolver e integrar os actores envolvidos na cadeia de valor.

METODOLOGIA

Para a elaboração deste documento, após uma revisão documental, realizou-se um workshop no âmbito do Grupo de Extensão e Inovação Territorial (GEIT) "Identificação de Inovações e Melhoria Competitiva da Cadeia Agroalimentar" onde, depois de clarificados os conceitos de produtividade e território, se caracterizou a cadeia de valor e os actores que participam em cada elo da cadeia, e de seguida se desenvolveu o processo de trabalho que os membros da cadeia de valor estão atualmente a desenvolver, Numa segunda sessão, depois de ter realizado o feedback do dia anterior, foram identificados os mercados alvo do grupo, posteriormente foi realizada uma dinâmica em que os processos caracterizados no dia anterior foram analisados por equipas, considerando o problema e as diferentes acções que são recomendadas para o influenciar, e finalmente foram priorizadas as inovações a serem desenvolvidas no ciclo 2016-2017, considerando os pontos de vista dos produtores, extensionistas e do organismo executor; os extensionistas e o organismo executor.

IDENTIFICAÇÃO DA CADEIA DE VALOR.

O processo de produção começa na quinta, onde os porcos são alimentados até atingirem o peso adequado.

O canal de comercialização começa com o suinicultor, que leva o seu gado vivo para o matadouro, onde (ou antes) negoceia o preço com um intermediário, que se encarrega das vendas médias por grosso, principalmente aos talhos.

Figura 2. Canal de marketing

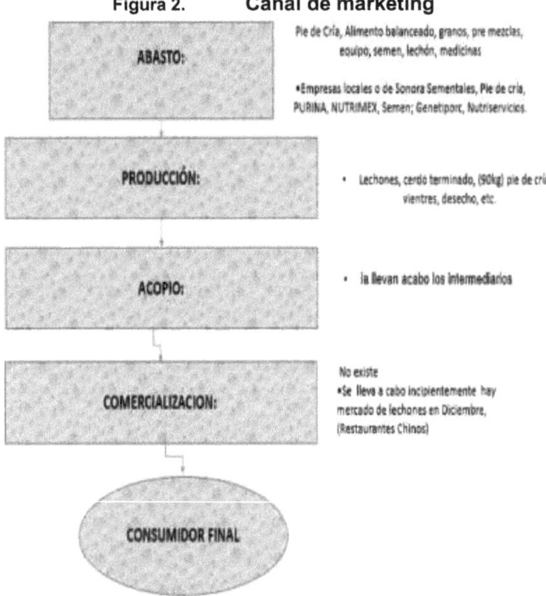

Fonte. Trabalho de campo de 2016.

ANÁLISE E DESCRIÇÃO DA CADEIA DE VALOR.

Atualmente, a totalidade da produção local de carne de porco é comercializada apenas a nível regional, uma vez que, devido à baixa rentabilidade da atividade, não é possível competir noutros mercados.

Os animais são levados para o matadouro, quer pelos próprios produtores, quer por intermediários (armazenistas), onde é efectuado o controlo sanitário do animal e, se este satisfizer as normas de qualidade, é abatido ou eliminado se não satisfizer as normas sanitárias mínimas após o abate.

Os produtores são os principais intervenientes neste processo, uma vez que são eles que têm a responsabilidade de contactar o intermediário, acordar com ele a compra e venda e estabelecer o preço e a data de entrega.

Os mecanismos de verificação e classificação da qualidade existentes são os que foram estabelecidos por

o matadouro, sendo a esfola o momento em que se define um pagamento diferenciado pela qualidade do produto (carne mais magra) e que é geralmente decrescente, quando o resultado é uma carne com maior quantidade de gordura na opinião do intermediário.

A carcaça ou partes de carcaça são comercializadas por intermediários, a nível médio grossista, a vendedores nos mercados de carcaças e talhos.

Geralmente, o pagamento é acordado de imediato, embora seja comum o intermediário entregá-lo no prazo de 15 dias, havendo mesmo casos em que o intermediário paga até a carne ser vendida. Toda a negociação acima referida é sempre efectuada individualmente, sendo este um dos principais problemas de comercialização, pois o intermediário aproveita-se da necessidade de venda do produtor, dada a inexistência de uma oferta compacta devido à falta de organização adequada dos produtores, provocando a concorrência entre eles.

São efectuados esforços isolados para a transformação de subprodutos, tais como:

O CHICHARRON é um produto fabricado a partir da pele do porco: depois de lhe serem retiradas as cerdas (pêlos), é frito em banha de porco.

CHICHARRON PRESSED Produto obtido por compactação de dejectos e subprodutos de suínos.

CHORIZO Enchido obtido através do enchimento da tripa de porco com carne magra picada ou moída e pedaços de carne de porco, misturados de forma homogénea e temperados com sal, vinagre, pimenta moída e ervas aromáticas (orégãos, louro, manjerona, etc.).

CHULETA Corte de carne de porco, obtido através de um corte transversal do lombo, desde a primeira vértebra dorsal até à última vértebra lombar; a sua forma varia consoante a idade e o tamanho do animal.

Quadro 8: Tipologia dos produtores

MUNICÍPIO	UNIDADES DE PRODUÇÃO						
	TÉCNICA	%	SEMITÉCNICO	%	TRASPATIO	%	TOTAL
ENSENADA	1	25	8	38.10		19.30	
TECATE		50		57.14		33.33	
MEXICALI	0	0	0	0		12.28	
TIJUANA		25	1	4.76		35.09	
TOTAL		100	21	100		100	82

Fonte. Elaboração própria, trabalho de campo 2016.

Quadro 9. Principais características das explorações de suínos tidas em conta para definir o grau de tecnificação na Baixa Califórnia

Tipo de exploração	Tecnologia	Sistema de fluxo baseado na idade	Inseminação artificial	Tipo de animais	Medidas sanitárias	Controlo da produção
Tecnificado	Moderno	Em todos os domínios	100%	Linhas de reprodução melhoradas de uma única origem	Controlo rigoroso dos animais, do pessoal e dos materiais	Constante através do sistema informático

Semi-técnico	Moderno e tradicional	Apenas maternidade	variável	Linhas de reprodução melhoradas de todas as origens	variáveis	Variável por meio de registos em papel
Quintal	Gestão tradicional	Não existe	ocasional	variável	Não existem	Não existe

Fonte. Elaboração própria, trabalho de campo 2016.

Existem três tipos de exploração, consoante o seu nível tecnológico:

1. Unidades de produção tecnificadas. Possuem tecnologia moderna, sistemas de fluxo na produção por idade, utilizam inseminação artificial em 100 % das fêmeas de uma única origem, possuem medidas sanitárias rigorosas no controlo dos animais, pessoal e materiais utilizados, também na produção por meios informáticos, existem 4 unidades de produção com 4.052 cabeças, o que representa 33 % com suínos de qualidade genética, representando 5 % do total de explorações.

2. Unidades de produção semi-tecnificadas. Possuem tecnologia moderna e tradicional, sistemas de escoamento apenas na zona de maternidade, a inseminação artificial nas fêmeas é variável e utilizam diferentes linhas genéticas, as medidas sanitárias mudam constantemente e a produção regista-se em kardex manual, num total de 21 unidades de produção com 3.139 cabeças, o que significa 25 % com suínos de média qualidade genética, sendo 26 % das explorações.

3. Unidades de produção rústicas ou de quintal. Maneio tradicional, sem sistemas de escoamento, a inseminação artificial é ocasional, o tipo de animais é muito variável, sem controlo nos processos de alimentação, sem medidas sanitárias, sem registos de controlo de produção, sendo que existem 57 unidades de produção com 5.173 cabeças, representando 42 com suínos sem qualidade genética, sendo 69% das explorações.

Sistema de produção: Criação de porcos em quintais, em pequena escala, utilizando resíduos alimentares de restaurantes e outros. Não existe um serviço formal de aconselhamento técnico.

COMERCIANTES E SUA DISTRIBUIÇÃO

A Empacadora de Tijuana S.A. de C.V. é uma empresa privada que fornece abate, desossa e embalagem de carne de bovino e suíno aos produtores de gado de Tijuana e Rosarito. A empresa está registada no SAGARPA e está certificada como matadouro TIF. Tem uma capacidade instalada para o abate de 300 cabeças por mês, estando 60% da sua capacidade a ser utilizada.

Este matadouro, não possuindo zona tampão, tem gerado problemas sanitários por estar localizado na zona urbana, causando problemas ambientais, viários e de imagem, uma vez que os veículos em que os animais são transportados têm de circular pelas principais vias da cidade para os abater.

Devido aos problemas descritos acima, o frigorífico foi fechado temporariamente pela Secretaria de Ecologia em 2009. A empresa, por ser uma iniciativa privada, declarou que deixará de abater animais em 2010 e se dedicará apenas ao empacotamento de carnes.

Esta situação vai afetar diretamente os criadores de gado locais, pois como o Município não dispõe de outro matadouro, terão de procurar opções na cidade de Ensenada ou Mexicali, afectando os seus custos e tempos de deslocação, o que por sua vez vai aumentar as práticas de abate inadequadas em instalações não autorizadas e/ou desmotivá-los a continuar a produzir.

O Rastro de Aves está situado na zona conhecida como El Florido, tem uma capacidade de abate de 2.400 aves e utiliza 80% da sua capacidade. Trata-se de um matadouro privado e serve apenas a produção avícola que a própria empresa gera. As instalações não possuem qualquer tipo de certificação federal, no entanto, os seus processos cumprem os requisitos mínimos de segurança e boas práticas. Uma das limitações para a sua expansão são os recursos económicos.

Rangel e Cuesta Blanca abatem caprinos e ovinos. O matadouro de Cuesta Blanca está situado na autoestrada Tijuana - Rosarito e dispõe de instalações para o abate de 150 cabeças por mês, utilizando 40% da sua capacidade. Este matadouro serve os produtores de Rosarito, Tijuana e Tecate. Embora esteja localizado fora da área urbana, está ameaçado pelo rápido crescimento da cidade e pela construção de loteamentos que o rodeiam, devido à falta de uma zona tampão.

O matadouro do Rangel tem uma capacidade de 150 cabeças por mês e utiliza 60% da sua capacidade instalada. Os animais são abatidos para abastecer os restaurantes da própria empresa.

O défice de instalações ao serviço do público para o abate de bovinos fez com que em Tijuana se realizassem práticas de abate clandestino, o que provoca a contaminação do ambiente e a carne destes animais pode ser facilmente contaminada, devido ao facto de esta atividade ser realizada sem quaisquer medidas de precaução em termos de higiene ou de boas práticas.

O município de Mexicali tem os seguintes estabelecimentos onde se procede ao abate de suínos

4. Integradora Sala de Matanza km 57, SPR de RL, com uma capacidade instalada de 100 suínos por mês.

5. Matadouro Instituto de Ciencias Agncolas de la UABC com uma capacidade de 30 cabeças por mês. A média mensal de utilização da capacidade é inferior a 50%.

6. Matadouro de Guillermo Godmez del Ejido Delta

7. Matadouro de Benjamin Mercado del Ejido Hermosillo

SERVIÇOS

Embora existam muitas farmácias veterinárias no estado, muito poucas oferecem produtos e serviços para a criação de suínos; apenas "Servicios Agropecuarios Purina", que tem um médico veterinário com experiência em suínos, oferece esses serviços, incluindo rações. Outros locais são "Granero y Veterinaria Los Alazanes", "El Trebol" e "FYSA ACE", que vendem alguns produtos veterinários.

A maioria dos produtores enfrenta o problema de não ter um conselheiro técnico formal e constante, pois a oferta é escassa.

IDENTIFICAÇÃO DE PROBLEMAS E OPORTUNIDADES DE MELHORIA.

Para nos posicionarmos no mercado-alvo que pretendemos atingir, existem três factores elementares:

1. Volume

2. Saúde

3. Rendimento de carcaça

Para tal, é necessário organizar os produtores, formá-los em boas práticas e sensibilizar uma parte da comunidade de produção para as vantagens de aspirar a mercados mais rentáveis, o que conduzirá ao volume e à normalização da produção necessários.

Boas práticas são a aplicação dos conceitos da zootecnia moderna (genética, manejo, alimentação, sanidade e administração). Sem deixar de lado o investimento tecnológico recomendado pela demanda.

Do mesmo modo, temos de nos organizar para produzir, o que se traduzirá em volume de compras, gestão, crédito, etc. Isto, por sua vez, permitir-nos-á reduzir os custos de produção (especialmente a alimentação) para obter produtos competitivos (suínos que competem em termos de preço e qualidade).

Outra tarefa importante é trabalhar em aspectos de unificação do mercado, uma vez que, atualmente, todos vendem individualmente.

Figura 3. Análise dos processos para servir o mercado-alvo

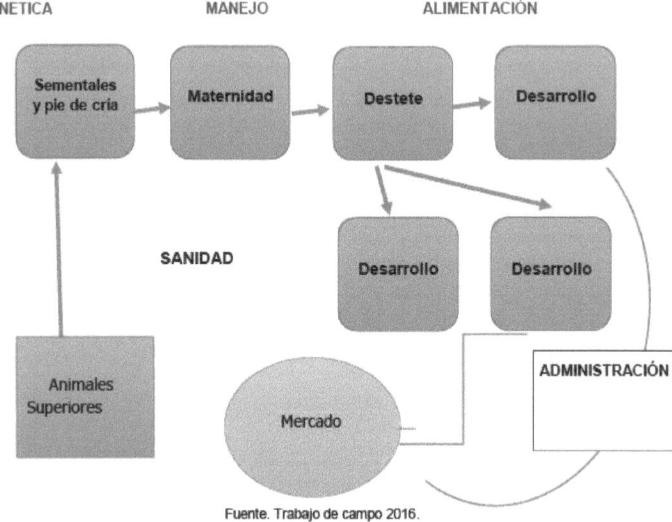

Fonte. Trabalho de campo de 2016.

Todas as fases do processo são elementares, embora, por razões de hierarquização das tarefas, se faça uma menção especial às que têm maior impacto. Genética, saúde e gestão.

O problema mais comum na compreensão das boas práticas é a mudança da cultura de trabalho. O melhoramento genético envolve a utilização eficiente de animais reprodutores. Isto implica manter controlos de reprodução para conhecer as linhas paternas e maternas que as ninhadas têm. Os garanhões serão comprados de acordo com as linhas a manter e tendo sempre em mente que o nosso objetivo não é a genética mas sim a produção de animais.

É preferível certificar-se de que os animais reprodutores têm a cobertura mínima recomendada e é uma ação encorajada assistir aos acasalamentos. Posteriormente, é necessário controlar as fêmeas após a cobrição para evitar deixar fêmeas que não tenham conseguido conceber. Uma vez confirmada a conceção, é registada a data provável do parto, a cadela é transferida para a cela de gestação e são tomadas precauções para garantir que não haja abortos ou outros problemas físicos ou de doença. Quando 31

Quando chega a data do parto, os animais são banhados, alimentados, laxados e colocados nas jaulas onde aguardam o parto, para que possam ser assistidos no mesmo dia. Os animais nascidos vivos e mortos são registados e, se possível, pesados.

ALIMENTOS

Garanhões e porcas Maternidade Desmame Desenvolvimento

Desenvolvimento

Desenvolvimento do mercado

Animais superiores

GESTÃO SANITÁRIA

O saneamento em todos os processos é obrigatório através da aprendizagem de medidas de biossegurança, independentemente da dimensão das nossas unidades de produção animal, e deve ser uma consciência geral dos riscos envolvidos na deslocação e/ou introdução de animais nas UPP sem as medidas de biossegurança recomendadas.

IDENTIFICAÇÃO DE MELHORIAS NA PRODUÇÃO, TECNOLOGIA E PRÁTICAS ORGANIZACIONAIS

Após a caraterização do território para encontrar as potencialidades e fraquezas em termos de recursos naturais, máquinas e equipamentos e recursos físicos e humanos, foram encontrados os seguintes problemas, detectando uma área de oportunidade para cada um deles, como mostra o seguinte quadro resumo:

Quadro 10: Caracterização do potencial do território

PROBLEMAS	OPORTUNIDADE
Existem deficiências no processo de produção que afectam a rentabilidade da atividade.	Existe um elevado potencial de mercado para o produto; a oportunidade reside na satisfação da procura interna.
A falta de recursos provoca um fraco desenvolvimento da atividade, que é basicamente uma atividade de quintal.	Existe um grande interesse em aumentar a atividade de produção devido ao potencial de mercado observado.
Embora a região disponha de factores de produção alimentares suficientes, o abastecimento necessário não está completo.	É possível e necessário organizar o fornecimento de factores de produção para tornar o processo de produção eficiente.
O processo de venda da produção é dominado pelo coletor, o que limita a capitalização do produtor.	É necessário promover regimes de associação que proporcionem ao produtor uma capacidade de negociação.

Fonte. Elaboração própria, trabalho de campo 2016.

MERCADO-ALVO

Através da descrição do processo atual e do processo ideal, conhecem o mercado-alvo, onde descobrem quais são as características e condições a que o produto a oferecer deve obedecer.

Tabela 11. Procura do mercado e condições necessárias.

PROCURA DO MERCADO-ALVO	
REQUISITOS DO PRODUTO	**CONDIÇÕES DE COMPRA**
Carne de qualidade	fornecimento constante
80 a 100 kg de carcaça. 6M	vem do matadouro TIF
Conformação do canal	
80% de rendimento	Transporte refrigerado

Cobertura com baixo teor de gordura	
Inofensivo	Custo gratuito a bordo
24 horas de refrigeração	

Fonte. Elaboração própria, trabalho de campo 2016.

PROBLEMAS, ACÇÕES E INDICADORES DE MELHORIA

Através de sessões em que o grupo detectou o problema através do mapeamento da cadeia de produção, as inovações ou melhorias no processo são descritas na seguinte matriz.

Quadro 12: Matriz das inovações identificadas

PROBLEMA	INOVAÇÃO OU MELHORIA
Existem deficiências no processo de produção que afectam a rentabilidade da atividade.	Formação em gestão produtiva de efectivos.
	Formação em gestão sanitária dos efectivos.
	Formação em gestão da reprodução dos efectivos
A falta de recursos provoca um fraco desenvolvimento da atividade, que é basicamente uma atividade de quintal.	Promover regimes de capitalização e de poupança para o autofinanciamento da atividade produtiva e o acesso ao financiamento formal.
Embora a região disponha de factores de produção alimentares suficientes, o abastecimento necessário não está completo.	Promover regimes de aliança com outras zonas de produção de carne de suíno para complementar o fornecimento dos factores de produção necessários.
O processo de venda da produção é dominado pelo coletor, o que limita a capitalização do produtor.	Organização para vendas em volume.
	Compras consolidadas de factores de produção.
	Promover a constituição de uma associação local de criadores de gado especializada em suínos.

Fonte. Elaboração própria, trabalho de campo 2016.

PRIORIDADE DAS INOVAÇÕES

Na necessidade de dar prioridade aos desafios a enfrentar para atingir o objetivo de melhorar a competitividade da cadeia, as equipas de trabalho concluíram pela priorização das acções identificadas a curto, médio e longo prazo.

Quadro 13: Inovações identificadas para resolver o problema.

PROBLEMA	INOVAÇÃO OU MELHORIA
Existem deficiências no processo de produção que afectam a rentabilidade da atividade.	Formação em gestão da produção animal
	Formação em gestão sanitária dos efectivos
	Formação em gestão da criação de efectivos
A falta de recursos provoca o escasso desenvolvimento da atividade, que é basicamente uma atividade de quintal.	Promover regimes de capitalização e de poupança para o autofinanciamento da atividade produtiva e o acesso ao financiamento formal.
Embora a região disponha de um abastecimento alimentar suficiente, o abastecimento necessário não é completo.	Promover regimes de aliança com outras zonas de produção de carne de suíno para complementar o fornecimento dos factores de produção necessários.
O processo de venda da produção é dominado pelo coletor, o que limita a capitalização do produtor.	Organização para vendas em volume
	Compras consolidadas de factores de produção
	Promover a constituição de uma associação

	local de criadores de gado especializada em suínos.

Fonte. Elaboração própria, trabalho de campo 2016.

PONTOS FRACOS DA CADEIA DE VALOR

A criação de suínos no estado é praticada principalmente em quintais e enfrenta a concorrência constante da introdução de carcaças de outros estados do país e do exterior.

A falta de uma organização normalizada baseada no modelo do Sistema Producto impede-os de aceder a economias de escala, como na compra de cereais necessários para uma nutrição adequada, encarecendo o preço dos alimentos equilibrados, a par de infra-estruturas inadequadas e insuficientes que permitiriam tornar a cadeia de produção mais competitiva.

Há necessidade de ampliar a oferta de técnicos (Extensionistas) para ajudar nessa competitividade, pois; A suinocultura é uma atividade que pode ser muito rentável se houver um bom plano de manejo que envolva aspectos de nutrição, sanidade, reprodução e genética. Qualquer exploração, extensiva ou intensiva, pode ser bem sucedida se os aspectos acima forem considerados.

A competitividade e a rendibilidade primária são função da possibilidade de aceder a economias de escala; no entanto, dada a enorme dificuldade de compactar fisicamente as unidades de produção (experiência mexicana) para aceder a economias de escala de produção, existe a possibilidade de compactar as suas exigências (factores de produção, maquinaria, etc.) e ofertas (produtos) para aceder a economias de escala comerciais, mantendo assim a individualidade de cada unidade de produção (experiência dos países desenvolvidos).

Esta terá necessariamente de se sustentar, em princípio, numa organização juridicamente conformada por um número suficiente de produtores que realizem em conjunto (em volume) e sob o princípio da cooperação ou colaboração, operações de compra-venda que permitam, tanto ao produtor como ao fornecedor ou comprador, partilhar a poupança nas despesas de ordem técnico-administrativa (econom^as) gerada pelas negociações comerciais em grande escala; e além de capitalizarem, os produtores aumentam a sua capacidade de negociação, pelo simples facto de se integrarem numa empresa de serviços (Perez Z.,O., s.d.).

PRIORIDADE DAS INOVAÇÕES

Na necessidade de dar prioridade aos desafios a enfrentar para atingir o objetivo de melhorar a competitividade da cadeia, as equipas de trabalho concluíram pela priorização das acções identificadas a curto, médio e longo prazo.

Quadro 14. Resultados esperados e indicadores de medição.

Resultado esperado	Indicadores	Unidade de medida	Linha de base	Objetivo	Temporariedade
Aumento da rendibilidade devido a melhorias no processo de produção	Rácio B/C	$			Médio prazo
Melhoria da disponibilidade de recursos para a atividade produtiva.	Produtores integrados na poupança	Produtor	0%	20%	Médio prazo
	Produtores com acesso	Produtor	0%	20%	Médio prazo

	a financiamento formal				
Fornecimento adequado dos factores de produção necessários ao processo de produção.	Alianças estratégicas com outras zonas de produção	Acordos	0	1	Médio prazo
Marketing produto em melhores condições	Volume transaccionado	Tonelada	0%	100%	Longo prazo
	Preços de venda	$	0%	10%	Longo prazo
	Capitalização do produtor	Utilidade	0%	10%	Longo prazo

Fonte. Elaboração própria, trabalho de campo 2016.

ACTORES-CHAVE PARA A IMPLEMENTAÇÃO DE INOVAÇÕES

Quando são conhecidas inovações ou melhorias no processo da cadeia de produção, as responsabilidades são retiradas aos principais actores envolvidos na cadeia, para que sejam eles a ter a responsabilidade de as acompanhar e implementar, caso contrário o problema continuará a ser o mesmo e não haverá progressos.

Quadro 15. Actores-chave para a implementação de inovações.

INOVAÇÃO OU MELHORIA	PROBLEMAS
Formação em gestão produtiva dos efectivos	Extensionista e produtor
Formação em gestão sanitária dos efectivos	Extensionista e produtor
Formação em gestão da criação de efectivos	Extensionista e produtor
Promover regimes de capitalização e de poupança para o autofinanciamento da atividade produtiva e o acesso ao financiamento formal.	Extensionista e produtor Governo do Estado SAGARPA
Promover regimes de aliança com outras zonas de produção de carne de suíno para complementar o fornecimento dos factores de produção necessários.	Extensionista e produtor Governo do Estado SAGARPA
Organização para vendas em volume	Extensionista e produtor Governo do Estado SAGARPA
Compras consolidadas de factores de produção	
Promover a constituição de uma associação local de criadores de gado especializada em suínos.	

Fonte. Elaboração própria, trabalho de campo 2016.

CAPÍTULO III

AGENDA BOVINOS CARNE, PARRAL, CHIHUAHUA

Apresentação.

A Agenda de Inovação é o resultado de um trabalho de reflexão e análise no seio dos Grupos Territoriais de Extensão e Inovação (GEIT), que são grupos constituídos maioritariamente por extensionistas e actores da cadeia envolvidos nos processos de produção, gestão pós-colheita, recolha, processamento/transformação e comercialização dos Sistemas de Produtos ou Cadeias de Valor considerados prioritários no território.

No GEIT Parral, composto maioritariamente por extensionistas com um total de 26 serviços contabilizados no início do exercício da Componente, o sistema de produção de bovinos de carne representa 38% desses serviços, o que está alinhado com a vocação da região do Parral, que, segundo o Diagnóstico Sectorial 2010, 90% da superfície total da região é considerada como uso pecuário, sob o sistema de produção de vacas-bezerras em condições de pastoreio livre, de modo que, de acordo com esta mesma fonte, esta região tem uma produção de quase 9.446 toneladas e um valor anual de mais de 145 milhões de pesos.

Para além do acima exposto, é importante salientar que, de acordo com as análises efectuadas no âmbito do GEIT, outra percentagem importante dos serviços está diretamente relacionada com a atividade pecuária de carne e corresponde aos produtores de cereais e forragens de base, que constituem uma atividade complementar dos criadores para a alimentação do gado, A situação atual que prevalece em todo o Estado em termos de deterioração das pastagens, que se manifesta na baixa cobertura vegetal, reduzida diversidade de espécies forrageiras e grandes áreas com solo nu, tendo em muitos casos, produção de forragem utilizável inferior a 100 kg por hectare (Governo do Estado, 2014).

É também importante referir que o suporte metodológico para a construção da Agenda de Inovação deriva fundamentalmente da Norma de Competência EC0818 (anteriormente EC0489) "Facilitação de processos de inovação para melhoria competitiva com indivíduos, grupos sociais e organizações económicas", Portanto, o presente documento é o resultado da Escola de Workshop para a construção da Agenda de Inovação e subsequentes eventos de formação relacionados com a identificação de inovações, a conceção e implementação da estratégia de gestão da inovação e a avaliação dos resultados e impactos dos processos de inovação de melhoria competitiva no território.

Quadro 16. Lista dos membros do ITLG envolvidos na análise da cadeia

Cadeia de produção	N.º consecutivo	Nome	Atividade/Posição
GRÃOS	1	BAILON DELGADO VICTOR ALONSO	Extensionista
GADO LEITEIRO		BUSTILLOS GARCIA JAEL ALAN	Extensionista
JARDINS FAMILIARES		CANO BUJANDA ALBERTO	Extensionista
CARNE DE BOVINO		CHAVEZ RAMIREZ JESUS RAMON	Extensionista
CARNE DE BOVINO	5	CHAVEZ LOYA ALAIN ARMANDO	Extensionista
CARNE DE		ESCOBAR NIETO JESUS	Extensionista

BOVINO			
CARNE DE BOVINO		FLORES SIFUENTES ANA GABRIELA	Extensionista
CARNE DE BOVINO	8	GUTIERREZ VALDEZ ALFREDO	Extensionista
JARDINS FAMILIARES		ELIZABETH GUZMAN OROZCO	Extensionista
CARNE DE BOVINO	10	GABRIELA HERNANDEZ PONCE	Extensionista
GRÃOS		JURADO RODRIGUEZ JONATAN EDUARDO	Extensionista
GRÃOS		JURADO MARTINEZ ARMANDO RAFAEL	Extensionista
GRÃOS		JURADO RODRIGUEZ ALEJANDRO	Extensionista
CARNE DE BOVINO		JURADO RODRIGUEZ DANIEL ARMANDO	Extensionista
JARDINS FAMILIARES		MAYNEZ GARDEA LUIS JAIME	Extensionista
CARNE DE BOVINO		MEDINA MOLINA RAMON	Extensionista
GRÃOS		PRIETO RAZO JOEL	Extensionista
GRÃOS	18	PRIETO TORRES ISIDRO	Extensionista
CARNE DE BOVINO		QUINTANA BACA TOMAS ALONSO	Extensionista
CARNE DE BOVINO		RIVERA CASTILLO VICTOR MANUEL	Extensionista
GRÃOS	21	SANCHEZ VILLEGAS JUAN MANUEL	Extensionista
GRÃOS		SERRATO TRUJILLO ALEMÃO	Extensionista
LEITE DE CABRA	23	TOVAR AGUIRRE GERARDO	Extensionista
JARDINS FAMILIARES		Zuniga CARRILLO MARTIN	Extensionista
JARDINS FAMILIARES	25	ZUNIGA PARRA JORGE LUIS	Extensionista
MAIZ	26	YAZBE CARO BRISEIDA	PRODUTOR
FORRAGEM		LOERA CARDONA CRUZ	PRODUTOR
FORRAGEM		ALVARADO G. HECTOR	PRODUTOR
MAIZ	29	RAMIREZ JESUS M-	PRODUTOR
MAIZ	30	BLANCO H. ESTEBAN	PRODUTOR
CARNE DE BOVINO	31	ARANA RODRIGO	PRODUTOR
CARNE DE BOVINO		LARA IBARRA NOE	PRODUTOR
CARNE DE BOVINO	33	CHAVEZ ALAN A.	PRODUTOR
INTITUIÇÕES		FLORES SALCIDO ROSA ESTELA	FORMADOR RURAL
INTITUIÇÕES	35	LEVARIO QUEZADA MARIO A.	SDR GOB. DO

			ESTADO
INTITUIÇÕES		ADAME PANDO JAIME	SDR GOB. DO ESTADO
INTITUIÇÕES		FELIX VERDUGO OMAR	APOIO TÉCNICO DO INIFAP
INTITUIÇÕES		SANTILLAN ESTRADA DAVID	CEIR NORTHWEST TRAINER

Fonte. Elaboração própria, trabalho de campo 2016.

*Extensionista de co-investimento, extensionista do PIIEX, produtor primário, coletor, transformador, funcionário (neste caso, nome da instituição e cargo), outros.

Mapa funcional da cadeia (ligações, actores e funções). Descrição geral do funcionamento da cadeia e dos actores.

Na construção da cadeia de valor, os participantes da Escola Oficina, através de técnicas didácticas como o brainstorming e as mesas de trabalho, geraram informação inicial em torno das questões ^Quem somos? O que vendemos atualmente no mercado? A quem vendemos?, obtendo os seguintes resultados.

O Elo de Produtores do Distrito 12 de Parral Chihuahua é representado por um grupo informal de pequenos produtores que participam do Componente Extensionismo do Programa de Apoio aos Pequenos Produtores operado pela SAGARPA, pequenos produtores de gado de corte, predominantemente comunais, com direitos de pastagem e parcelas, cuja atividade predominante é a criação de bezerros para venda ao pé, em um sistema extensivo baseado em pastagens naturais.

O principal produto de venda são os vitelos ao desmame com peso médio de 130 kg, com sete meses de idade, vacinados, identificados com marcas auriculares e ferro, oferecidos principalmente a pequenos compradores locais, que podem ser pessoas singulares ou colectivas, que recolhem junto de vários produtores e reúnem lotes para vender no mercado de exportação para os Estados Unidos da América. O pagamento é efectuado em numerário no momento da venda e ao preço de compra regional por quilograma de vitelo vivo, em função do peso do vitelo.

Neste mesmo sentido, os produtores identificaram o elo em que estão a influenciar, que até à data corresponde ao segundo elo da cadeia, comentando que nos restantes elos o seu nível de envolvimento é praticamente nulo.

Figura 4. Cadeia de valor da região de gado bovino Parral, Chihuahua.

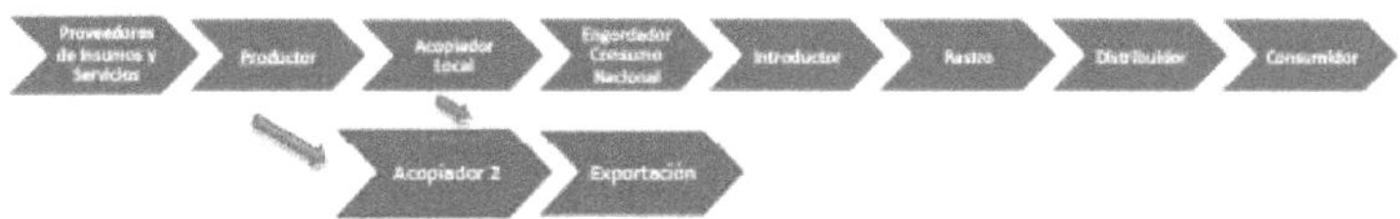

Fonte. Elaboração própria, trabalho de campo 2016.

Para mais pormenores, é apresentado o seguinte esquema, no qual se incluem os animais de refugo e se separam os mercados interno e de exportação.

Figura 5. Análise pormenorizada da cadeia de valor do gado bovino.

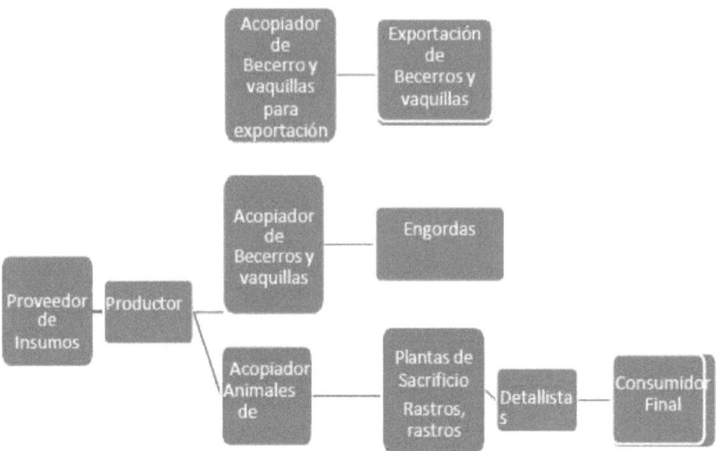

Fuente. Trabajo de campo 2016.

Fonte. Trabalho de campo de 2016.

Continuando com a análise da cadeia de valor da carne de bovino, a fase seguinte consistiu em trabalhar na caraterização da cadeia, para a qual os resultados obtidos são apresentados no quadro seguinte.

Figura 6: Caracterização da cadeia

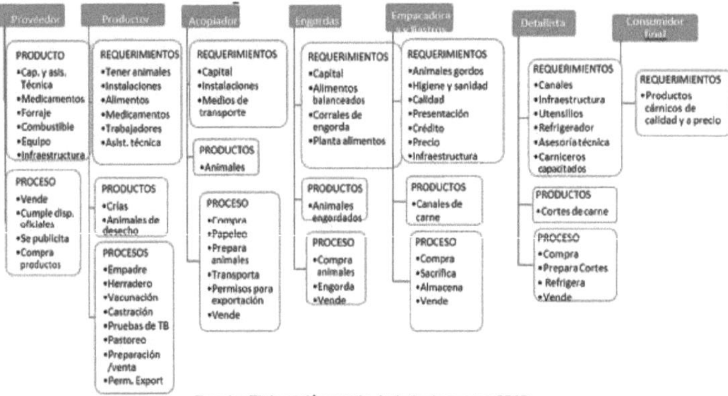

Fuente. Elaboración propia, trabajo de campo 2016.

Fonte. Elaboração própria, trabalho de campo 2016.

Características do território

O Distrito de Desenvolvimento Rural de Parral abrange territorialmente os municípios de Hidalgo del Parral, Allende, San Francisco del Oro, Santa Bárbara, Matamoros, Valle de Zaragoza, El Tule, Rosario e Huejotitan.

Esta região situa-se na parte sul do Estado, a sua população rural é de 32 803 habitantes e o nível médio de marginalização nesta região é médio.

Em termos de níveis de pobreza nesta região, 12,8% da população encontra-se em situação de pobreza alimentar, 18,6% em situação de pobreza de capacidade e 39,7% em situação de pobreza patrimonial.

Ocupa uma superfície territorial de quase 2,74 milhões de hectares; o clima é semi-húmido em algumas partes extremas; semi-húmido e temperado com uma temperatura anual que varia entre uma máxima de 42 e uma mínima de -12°C. A precipitação média anual varia entre 364 e 470 mm, com exceção de San Francisco del Oro (757 mm).

O 90% de sua superfície é considerado de uso pecuário, para o qual a atividade pecuária é uma atividade social e economicamente importante dentro do setor agrícola. A exploração de gado, gado a pé é uma das mais representativas do Estado, nesta região tem uma produção de quase 9.446 toneladas e um valor anual de mais de 176 milhões de pesos, dos quais a produção de gado a pé representa 91 % do total na região que conforma o Distrito de Parral.

Tabela 17. Produção de espécies pecuárias no Distrito de Parral Chihuahua durante 2015.

Produto/Espécie	Produção (toneladas)	Preço (pesos por quilograma)	Valor da produção (milhares de pesos)	Animais abatidos (cabeças)	Peso (quilogramas)
GADO A PÉ					
GADO	3,747	33.62	125,989		362
SUÍNOS	361	24.59	8,880		98
OVINOS	93	23.39	2,173		42
GOAT		23.32	862		42
SUBTOTAL	4,238		137,904		
AVE E PERU EM PÉ					
AVE	23		444		1.843
PEBRAS					
SUBTOTAL	23		444		
TOTAL			138,348		
CARNE EM CARCAÇA					
GADO	2,047	67.01	137,196	10,358	198
SUÍNOS	238	48.72	11,583	3,691	
OVINOS		47.69	2,236	2,199	21

Produto/Espécie	Produção (toneladas)	Preço (pesos por quilograma)	Valor da produção (milhares de pesos)	Animais abatidos (cabeças)	Peso (quilogramas)
GOAT		47.45		879	21
AVE		26	459	12,673	1.394
PEBRAS					
SUBTOTAL	2,368		152,363		
LEITE					
GADO	2,965	5.9	17,504		
GOAT					
SUBTOTAL	2,965		17,504		
OUTROS PRODUTOS					
OVO PARA CHAPA	50	24.83	1,236		
MEL	98.5	45.67	4,498		
CERA EM GRENÁ	8.75	74.69	654		

LÃ SUJA					
SUBTOTAL			6,388		
TOTAL			176,256		

Aves de capoeira: Refere-se a galinhas, leves e pesadas, que terminaram o seu ciclo produtivo. Leite: Produção em milhares de litros e preço em pesos por litro.

Os subtotais e o total podem não corresponder devido a arredondamentos. O valor total não inclui o valor em pé, uma vez que este está incluído no valor da produção de carne.

Fonte: SIAP (Servicio de Informacion Agroalimentaria y Pesquera).

Mercado-alvo atual ou potencial dos produtores que são objeto da atenção do CEIP.

Nesta fase da análise da cadeia de valor, os produtores localizaram o seu mercado atual, que é constituído por um grupo de armazenistas, pessoas singulares e colectivas, que compram vitelos com cerca de 130 kg de peso vivo, sem processo de acondicionamento para venda em condições de mercado mais favoráveis. 130 kg, sem processo de acondicionamento para venda em condições de mercado mais favoráveis, devido tanto à falta de recursos económicos como ao facto de cada produtor individual produzir um número reduzido de animais e de forma irregular ao longo do ano, concentrando as vendas nos meses de janeiro a maio, que é a época mais crítica em termos de disponibilidade de forragem nas pastagens.

O mercado-alvo identificado foi o mercado de exportação para os Estados Unidos da América, através do posto fronteiriço de San Jerónimo-Santa Teresa, localizado no município de Juarez, Estado de Chihuahua e, do lado dos EUA, o posto fronteiriço de Santa Teresa está localizado a 42 milhas a sul da segunda maior cidade do Novo México, Las Cruces, e a 20 minutos do centro histórico de El Paso, Texas.

Esse esquema de comercialização vem sendo promovido nos últimos anos pela Secretaria de Desenvolvimento Rural do Governo do Estado e é considerado uma inovação comercial que, segundo vários comentários nas mesas de trabalho, gera diferenças substanciais nos lucros por kg de bezerro comercializado.

Diferenças entre o que os actores da cadeia oferecem e o que o mercado-alvo exige.

O processo de exportação de vitelos vivos para os Estados Unidos da América envolve uma série de actividades que requerem apoio técnico em termos de procedimentos e regulamentos sanitários do gado que têm a ver com aspectos físicos e de apresentação, bem como medidas e práticas de saúde e segurança que garantam o cumprimento do estatuto sanitário obtido para todos os produtores do estado de Chihuahua. A título enunciativo, podemos destacar os seguintes pontos:

J Inscrição no registo dos exportadores.

Trata-se de um procedimento simples e rápido em que se vai à UGRCH para registar a propriedade a partir da qual o gado será exportado, onde será validado principalmente se está numa zona limpa (Zona A) ou numa zona suja (Zona B), será pedido o seguinte: nome da propriedade, nome do exportador e o principal, que é a localização, e uma vez registado, quando a validação dos dados estiver concluída, assina-se como responsável.

J Castração.

Os vitelos ou novilhas devem ser castrados; no caso das novilhas, deve ser um médico autorizado, com a presença de um monitor designado pela SAGARPA, responsável pela correcta castração das fêmeas.

No caso dos machos é aconselhável castrar antes do teste de mobilização, no caso das fêmeas seria o contrário porque se houver um provável problema de tuberculose o gado é marcado com o ferro de ferradura CN (consumo nacional) e uma vez castrada a fêmea não serve como reprodutora e com o ferro de consumo nacional não é exportável.

As cadelas podem ser exportadas 15 dias após a esterilização, corretamente esterilizadas e com o brinco azul que certifica que foram esterilizadas. Trata-se de uma decisão pessoal.

J Teste de tuberculose para a circulação e exportação.

Esta etapa é importante para a exportação de gado, uma vez que sem ela não é possível efetuar a deslocação do gado até à fronteira e é aqui que devem ser feitos os pormenores que o USDA (Departamento de Agricultura dos Estados Unidos) irá analisar no momento da passagem.

Este teste será efectuado na exploração inscrita no registo dos exportadores por um veterinário habilitado, de preferência o veterinário de eleição.

O médico aplicará um brinco de ferro azul após o teste ter sido realizado corretamente. Se houver um reator, após 72 horas, o brinco de metal azul será retirado do animal reator e este será marcado com o ferro de ferrador CN para realizar um teste comparativo duplo mais tarde.

Após a realização do teste, o veterinário fará um relatório do rebanho testado; fará uma série de folhas vulgarmente conhecidas como 20-20 onde os animais que estão registados no teste de exportação são numerados de 20 em 20 com um registo detalhado da sua origem, nome do produtor, ferro do ferrador do produtor, brinco SINIGA que está relacionado com o brinco de metal azul que o veterinário aplicou ao realizar o teste de exportação.

J Aprovação da Resena pelo Governo do Estado.

Esta parte é criticada por muitas pessoas, mas é uma forma correcta de evitar o roubo de gado e de manter um controlo sanitário do gado. Este documento é enviado pelo médico que efectuou o teste de exportação.

Isto será verificado:

1. Sobre os recenseamentos
2. Validações do ferro
3. Provas actuais
4. Registos das mães dos animais a exportar

Marcações S M e MX.

Uma vez que a resina tenha sido aprovada pelo Governo do Estado, é possível cumprir outro requisito do USDA, que é o facto de os animais deverem ser marcados com um M no caso dos machos e MX no caso das fêmeas.

J Processamento e pagamento na Union Ganadera Regional de Chihuahua (UGRCH.).

Existem alguns requisitos importantes que devem ser cumpridos neste caso e recomenda-se que se chegue oito dias antes de enviar o gado para a fronteira.

1. A seleção da data de expedição e o cruzamento onde é solicitado o nome do exportador e dados fiscais como o RFC.
2. O pagamento do processo de exportação é efectuado a um custo de 460$ pesos por teste de efetivo.
3. O nome do exportador, a assinatura do veterinário no teste do efetivo e a resina aprovada pelo Governo do Estado são verificados pela segunda vez na área de receção.
4. Uma vez aprovado pela UGRCH, é enviado para a SAGARPA onde é revisto em pormenor.
5. Uma vez aprovado, é devolvido à UGRCH e enviado para a fronteira com aviso prévio ao exportador.

J Uma vez aprovado, é enviado para a fronteira:

Para comprovar legalmente que o gado que se desloca é seu e não tem problemas legais, é necessário processar um salvo-conduto REEMO (Registro Eletrónico de la

Movilizacion), que é entregue na fronteira desejada, neste caso San Gerónimo, Palomas ou na fronteira de Ojinaga, todos os animais devem aparecer no sistema da UPP ou PSG onde foi realizado o teste de exportação.

J Quando tudo estiver pronto, a expedição pode ser feita e o processo de inspeção física do gado e o processo administrativo e o contacto com o comprador ou o agente aduaneiro podem seguir-se.

Problemas que impedem a satisfação das necessidades do mercado-alvo atual ou potencial.

Após a caraterização da cadeia de valor, foi realizada uma atividade com o objetivo de identificar os problemas da cadeia, da qual se obtiveram os seguintes resultados:

Ligação do fornecedor

Os elevados custos dos ingredientes para a transformação dos concentrados de alimentos para animais têm um forte impacto nos custos de produção dos suplementos nas unidades de produção.

Em Chihuahua, a produção de forragens, principalmente luzerna e aveia, é monopolizada pelas explorações leiteiras do Estado (Delicias e Cuauhtemoc) e da região lagunar, o que se repercute no elevado custo destes factores de produção para a produção de carne das pequenas e médias empresas pecuárias.

Ligação do produtor

O efetivo pecuário do Estado de Chihuahua é propício ao sistema de pastoreio extensivo. Este consiste na utilização de grandes extensões de pastagens, no investimento em gado, em factores de produção reduzidos, em capital fixo reduzido e em mão de obra mínima. O seu crescimento e rentabilidade baseiam-se na extensão da área de pastagem. No entanto, a contínua fragmentação das unidades de produção tem impactos negativos no sistema de produção em aspectos como:

a. Deterioração dos recursos forrageiros da pastagem, resultando numa disponibilidade deficiente de forragens naturais, principalmente de espécies desejáveis, e numa utilização ineficiente dos recursos da pastagem.

b. Uma sobrecarga de animais, especialmente em explorações comunitárias ou comunais, que leva a deficiências nutricionais nos animais e, portanto, a um fraco desempenho reprodutivo em termos de percentagens de parto e desmame. Como resultado, há um grande número de animais improdutivos que têm um impacto na rentabilidade das explorações pecuárias.

c. Para além dos factores supracitados, na maioria das pequenas explorações existe uma má distribuição da água e do gado devido à falta de infra-estruturas que permitam estabelecer cercados e bebedouros naturais ou bebedouros de forma racional.

d. Outros factores que influenciam a competitividade das Unidades de Produção são: fraca organização dos produtores para a comercialização; falta de conhecimento dos requisitos para a mobilização e exportação de gado (tuberculose, carraças, outras doenças); fraco acesso ao crédito para aumentar a sua atividade produtiva; a maioria dos produtores não tem conhecimento do nível de produção e da rentabilidade das suas explorações, porque não mantêm registos de produção e contabilísticos.

e. O produtor perde com o não investimento em animais geneticamente melhorados, com a falta de uniformidade dos bezerros para exportação e, em alguns anos, com grandes perdas devido à presença de plantas tóxicas, reflexo do uso inadequado do pasto.

Ligação para coleccionadores.

Atualmente, desempenham um papel importante na cadeia, sobretudo porque permitem escoar a produção de vitelos dos pequenos agricultores. Eles detêm o capital e fixam os preços do gado. Os produtores que se encontram mais afastados dos centros urbanos e da recolha de gado para exportação são os que mais sofrem com o preço que recebem pela venda dos vitelos aos colectores, razão pela qual se diz que são um mal necessário. medida que os produtores se organizam para a venda, o papel dos criadores ou introdutores torna-se menos importante. O risco financeiro é menor, embora este ano, com a volatilidade dos preços do gado, muitos introdutores tenham sofrido perdas consideráveis.

Ligações para a engorda e o abate de animais

Dado que o Estado de Chihuahua é, há mais de cem anos, um importante produtor de vitelos para exportação, esta relação está pouco desenvolvida e apenas produz carne para consumo local. A infraestrutura de matadouros e instalações de abate é limitada.

O estado de Chihuahua possui um enorme potencial de engorda para a produção de carne bovina, tendo como principais vantagens o sistema de produção extensivo, o bom estoque de animais, a qualidade genética, o bom status sanitário, a disponibilidade de grãos e forragens, além de importantes oportunidades comerciais a nível nacional e internacional. A principal limitação para desenvolver essas ligações é a infraestrutura para engorda e abate e, recentemente, há desânimo porque o preço pago pelos bezerros de exportação atingiu um nível nunca antes visto (até US$ 100,00 por kg de carne viva). Outro aspeto a considerar é a falta de incentivos e interesse dos investidores para desenvolver esta atividade.

Identificação e análise dos problemas associados às dificuldades de servir o mercado-alvo e dos problemas ligados às fases do processo de trabalho a melhorar.

Tabela 18. Resultados da análise do mercado-alvo e áreas a melhorar.

o que está a ser feito atualmente?	O QUE DEVE SER FEITO PARA ATINGIR O MERCADO-ALVO?	FASES DO PROCESSO DE TRABALHO A MELHORAR
Reprodução baseada no acasalamento natural sem controlo do acasalamento.	Dispor de lotes de tamanho adequado para venda, produzidos nas datas em que os preços são mais favoráveis.	Gestão da reprodução (acasalamento, relação vaca/bezerro)
Alimentação predominantemente a pasto (julho a fevereiro), e quando a forragem se esgota, o gado é concentrado em currais (março a junho) e alimentado com caroço de algodão, restos de culturas (milho, feijão) e sal mineral,	Alimentação e suplementação por condição fisiológica para ter bezerros com melhor peso ao desmame e peso de mercado.	Nutrição e gestão do efetivo
Vacinação e desparasitação duas vezes por ano.	Oferecer gado livre de parasitas e doenças, castrado e descornado.	Saúde (prevenção e controlo de parasitas e doenças)
Rastreio e teste da tuberculose e da bruxela; uma vez por ano	Acompanhamento e controlo individual e do efetivo, especialmente dos animais destinados à comercialização.	Registos produtivos e administrativos (relatórios às instituições de controlo)
Não existe qualquer controlo	Controlos da gestação e	Gestão da reprodução

ou acompanhamento das vacas prenhes e desconhece-se o estado físico e de fertilidade do reprodutor.	condições reprodutivas para aumentar os parâmetros reprodutivos e aumentar o volume de vendas e as melhores condições das crias.		
Não existe uma rotação programada dos piquetes, com problemas de sobrepastoreio e sobrecarga de animais por unidade de superfície.	Programa de maneio das pastagens para obter animais com boas condições fisiológicas e físicas a baixo custo.	Sistema de gestão do gado em pastagens	
O desmame das crias tem lugar ao longo do ano.	Desmame com prazo determinado	Gestão do efetivo	
Vitelos de 130 kg para venda, cada produtor numa base individual a armazenistas locais.	Bezerros com um peso de 160 a 180 kg, em lotes uniformes e suficientes para reduzir os custos de transporte na fronteira.	Programa de pré-condicionamento dos vitelos da organização para comercialização	

Fonte. Elaboração própria, trabalho de campo 2016.

Oportunidades no ambiente que são viáveis de aproveitar.

A nível nacional, a política para o sector favorece o apoio aos pequenos produtores, tanto em termos de assistência técnica como de apoio e serviços à produção e à comercialização.

Por sua vez, o Governo do Estado, através da Secretaria de Desenvolvimento Rural e da Comissão do Sistema de Produtos Bovinos de Corte, tem vindo a conceber esquemas de comercialização em que a Secretaria funciona como elo de ligação entre os produtores e as empresas comercializadoras ou, neste caso, através da UGRCH, para promover uma maior participação direta do produtor no processo de exportação de vitelos vivos.

Por seu lado, a UGRCH, através dos seus representantes, salientou recentemente que a pecuária é o sector com a maior percentagem do Produto Interno Bruto do sector primário e que contribui com mais de 365 milhões de dólares só em exportações de gado vivo para os EUA. Atualmente, a União Pecuária Regional de Chihuahua conta com mais de 51 associações no estado, com mais de 8.000 membros.

A recuperação do status sanitário foi alcançada, o que aumenta o preço da carne de Chihuahua para os Estados Unidos e abre novos mercados em todo o mundo, graças a isso, o estado de Chihuahua faz a diferença em todo o país, porque enquanto em estados como Durango, o quilo de carne bovina varia entre 45 pesos, na entidade chega a 93 pesos.

Quadro 19: Inovações identificadas para ultrapassar os problemas ou tirar partido das suas oportunidades

PROBLEMA OU OPORTUNIDADE	PRIORIDADE DA ATENÇÃO	INOVAÇÃO	TIPOS DE INOVAÇÃO			
			PRODUTO	PROCESSO	MARKETING	ORGANIZAÇÃO
Baixas taxas de produção	Curto prazo	Monda controlada				
Baixa	Curto e	Sistema de		X		

qualidade e baixa quantidade de forragem de pastagem	médio prazo	rotação de piquetes; ajustamento progressivo dos encabeçamentos; diagnóstico do estado das pastagens; produção de forragens e de suplementos.				
Má gestão sanitária dos efectivos, sem planeamento	Curto prazo	Programa de saúde		X		
Falta de controlos e testes de TB e Bruxelas	Curto prazo	Registos de produção		X		
Não há gestão reprodutiva, nem controlo e acompanhamento da reprodução e da gestação.	Curto e médio prazo	Avaliação de garanhões; Diagnóstico de gravidez; Acasalamento controlado		X		
Sobrepastoreio	Curto e médio prazo	Suplementação estratégica; Avaliação do estado das pastagens; Ajuste da taxa de lotação; Divisão dos piquetes.		X		
Desmame das crias ao longo do ano	Médio e longo prazo	Desmame precoce; pré-condicionamento dos vitelos		X		
Vendas numa base individual, com um número reduzido de animais, e com armazenistas locais.	Curto e médio prazo	Vendas no mercado de exportação; Organização de produtores; Financiamento e apoio institucional.	X		X	X

Fonte. Elaboração própria, trabalho de campo 2016.

Quadro 20: Resultados esperados da adoção de inovações

Resultados esperados	Indicadores	Unidade de medida
Melhoria das taxas de produção	Produtores que efectuam reprodução controlada	**Número**
Redução do encabeçamento	Cabeças de gado por unidade de superfície	**Cb/Ha**
	Número de produtores que tomam suplementos	**Número**
Conceção e funcionamento do Programa de Gestão Sanitária	Práticas de anexos sanitários	**Número**
Sistema de registos produtivos	Produtores que gerem registos de produção	**Número**
Programa de gestão reprodutiva em curso	UPPs que avaliam garanhões	**Número**
	UPPs que realizam diagnóstico gestacional	**Número**
	UPP que efectuam reprodução controlada	**Número**
Diagnóstico do estado dos prados	Diagnóstico elaborado	**Documento**
Produção de vitelos mais pesados	Peso dos vitelos para venda	**Kg**
Produtores organizados	Produtores que comercializam em grupo	**Número**
	Vendas no mercado de exportação	**Número**
	Empréstimos em fase de preparação	Número

Fonte. Elaboração própria, trabalho de campo 2016.

Investimentos necessários para a implementação das inovações prioritárias

Tabela 21. Investimentos necessários para inovações.

Prioridade d de atenção	Inovação	Tipo de inovação	Investimentos ou acções necessários para a sua execução
Curto prazo	Monda controlada	Do processo	Gestão de garanhões
Curto e médio prazo	Sistema de rotação, ajustamento dos piquetes; taxas de encabeçamento progressivas; diagnóstico do estado das pastagens; produção de forragem e suplementação.	Do processo	Instalação de divisões de paddock; Equipamento de diagnóstico; Produção e/ou compra de forragens e concentrados
Curto prazo	Programa de saúde	Do processo	Vacinas e medicamentos
Curto prazo	Registos de produção	Do processo	Livros de registo
Curto e médio prazo	Avaliação do garanhão; diagnóstico de gravidez; acasalamentos controlados	Do processo	Equipa de avaliação e diagnóstico
Curto e médio prazo	Suplementação estratégica; avaliação do estado das pastagens; ajustamento da	Do processo	Material de alimentação, equipamento de campo e equipamento; vedações

	taxa de encabeçamento; divisão de padoques.		para explorações piscícolas
Médio e longo prazo	Desmame precoce; pré-condicionamento dos vitelos	Produto	Forragens e concentrados
Curto e médio prazo	Vendas no mercado de exportação; organização de produtores; Financiamento e apoio institucional.	Do Marketing; da Organização	Taxas de manuseamento, frete, seguro e despesas de venda

Fonte. Elaboração própria, trabalho de campo 2016.

Acções de formação para o desenvolvimento das capacidades necessárias à implementação de inovações.

Na análise das inovações a serem implementadas, será necessário realizar uma deteção das necessidades de capacitação metodológica e técnica, de acordo com o perfil dos extensionistas, programando eventos de capacitação presencial, visitas tecnológicas e eventos demonstrativos, com o apoio das instituições envolvidas no Componente, além da participação de extensionistas com conhecimento e experiência no tema a ser abordado.

Actores envolvidos na implementação de inovações

Tabela 22. Actores envolvidos na implementação de inovações.

Ator	Âmbito de ação	Interesses	Recursos que disponibiliza	Problemas que dificultam a sua colaboração	Postura em relação ao processo	Nível do seu cargo
Produtor	Na UPP e nas reuniões do GEIT	Melhoria das receitas	Clima, **instalações,** efetivo pecuário	Múltiplas ocupações, mas será procurado um acordo inicial sobre as responsabilidades e os compromissos.	Participação ativa	Elevado empenhamento
Extensionista	Em actividades de sensibilização e reuniões do GITL e eventos políticos	Cumprir o programa de trabalho	Conhecimento, tempo e trabalho	Atraso no apoio a componentes	Abertura total e Motivador	Elevado empenho e dedicação ao serviço
SAGARPA/ Governo do Estado.	Decisor político e operador de componentes	Executar de acordo com as regras de funcioname	Financeiro e administrativo (pessoal, controlo e acompanham	Recursos limitados, nível de envolvimento	Utilização eficiente dos recursos	Em conformidade com as directrizes institucionai

		nto	ento)			s
INIFAP	Formação técnica e acompanhamento	Apoio técnico à execução do programa de trabalho	Formadores, apoio logístico aos eventos	Política institucional, disponibilidad e de recursos	Apoio total e mútuo	Elevado empenhamento
INCA rural	Apoio metodológico	Uma base metodológica sólida para a ação	Pessoal, experiência, acompanhamento	Nível de envolvimento de outras partes interessadas	Lidera o processo	Elevado empenhamento
CEIR	Apoio ao acompanhamento e à formação metodológica	Realização dos resultados da componente; formação dos extensionistas e dos actores	Pessoal, conhecimentos e experiência	Clareza no esquema operacional e no calendário de ação	Ampla colaboração e trabalho de equipa	Elevado empenhamento

Fonte. Elaboração própria, trabalho de campo 2016.

É importante ter em conta que a implementação de uma agenda de inovação para a melhoria competitiva de uma cadeia produtiva num determinado território implica a soma de vontades e esforços de vários actores, fundamentalmente os que fazem parte da cadeia, bem como extensionistas, investigadores, funcionários e instituições de apoio e outros que podem contribuir com apoio ad hoc para tornar as inovações uma realidade.

CAPÍTULO IV

AGENDA BOVINOS CARNE - CASAS GRANDES, CHIHUAHUA

INTRODUÇÃO

A produção de bovinos de carne é de grande importância no contexto socioeconómico do país, pois fornece alimentos, matérias-primas, divisas e, em menor escala, emprego, sendo a atividade produtiva mais difundida no meio rural, pois é realizada sem exceção em todas as regiões ecológicas do país.

O efetivo pecuário do Estado de Chihuahua é propício ao sistema de pastoreio extensivo. Este consiste na utilização de grandes extensões de pastagens, no investimento em gado, em factores de produção baixos, em capital fixo reduzido e em mão de obra mínima. A sua qualidade genética é reconhecida a nível nacional e internacional. A atividade tem potencial para ser desenvolvida numa área de quase 18 milhões de hectares de pastagens (72 % da superfície do Estado), e representa 17,8 % das actividades agrícolas, deixando uma produção económica em 2008 de quase quatro mil e trezentos milhões de pesos (Secretaria de Desenvolvimento Rural do Estado de Chihuahua, 2010).

No país, Chihuahua ocupa o terceiro lugar na produção de carne bovina, com 74.908 toneladas por ano, o equivalente a 4,0% da produção nacional, e tem uma capacidade instalada para o abate mensal de 43.700 cabeças de gado.

No ciclo pecuário 2012-2013, o país exportou 810.324 cabeças de gado para os Estados Unidos, das quais Chihuahua contribuiu com 206.756 cabeças, ocupando o primeiro lugar a nível nacional.

O efetivo pecuário de Chihuahua em 2015 era de 1.708.423 cabeças, representando 5,6%, no qual existem aproximadamente 66.500 unidades de produção com potencial produtivo. Os produtores são membros de Associações Locais de Pecuária, integradas em 2 Uniões Regionais de Pecuária, através das quais se realizam maioritariamente os trâmites legais de gado e as operações de compra e venda.

A rentabilidade da criação de bovinos no México diminuiu devido ao aumento dos preços dos factores de produção e à diminuição da dimensão dos efectivos, enquanto o preço real da carne se manteve, com um aumento considerável no último ano.

O sistema de produção de bovinos de carne é um meio importante de produção de carne, tanto em termos do número de animais geridos como do número de produtores que o praticam, a maioria dos quais com baixos recursos económicos. O gado no estado é maioritariamente gerido em regime de propriedade privada 51,6%, seguido do ejido com 42,1% e apenas 6,3% são geridos de forma mista, ou seja, têm terras privadas e ejido.

Os produtores privados têm trabalhado constantemente na melhoria dos seus efectivos, procurando as características ideais, de acordo com o tipo de exploração a que se destinam os seus animais. Este esforço reflecte-se na qualidade do gado que gerem, uma vez que, de acordo com os resultados do Censo Agropecuário de 2007, são os que fornecem ao Estado a maior percentagem de gado fino (72,1%) e uma proporção considerável (44,7%) de animais melhorados ou cruzados, em comparação com a qualidade fornecida pelo regime de ejido (14,3 e 43,5%, respetivamente).

A criação de gado é atualmente uma boa opção produtiva num Estado fronteiriço, onde é possível tirar partido das ofertas de preço dos vitelos com casco. As localidades rurais do deserto e das terras altas com poucas opções representam uma boa oportunidade para a utilização óptima dos recursos de pastagem e para a melhoria das condições de vida dos habitantes destas regiões. No entanto, a maioria dos rebanhos tem taxas de produção fracas e reflecte pouco interesse ou falta de formação produtiva do produtor para estabelecer empresas rentáveis, apesar do facto de existirem atualmente bons preços para os vitelos vivos.

Dentro do Distrito de Desenvolvimento Rural de Casas Grandes (001) existem diferentes sistemas de produtos, tanto agrícolas como pecuários, assim como siglas. Cada um destes sistemas de produtos apresenta factores que limitam o seu crescimento, produtividade e competitividade. Estes factores podem ser agrupados em económicos, financeiros, tecnológicos, de mercado, organizacionais, de capacitação, entre outros.

O Grupo de Extensão e Inovação Territorial Casas Grandes (GEIT CG) através de diferentes instâncias governamentais dos três níveis, produtores do setor social, empresários, professores, extensionistas, INCA Rural e Centro de Extensão e Inovação Rural Noroeste, interessados em buscar elevar a produtividade e a competitividade dos produtores de carne bovina sob um esquema de sustentabilidade, de mãos dadas com o desenvolvimento rural integral. Este grupo busca a inserção de inovações de caráter tecnológico de baixo custo e alto impacto dentro das diferentes unidades de produção (UPP) neste sistema de produtos dentro de um estrato tradicional, com a finalidade de melhorar a infraestrutura existente como as formas de produção com a estratégia de uso da informação e do conhecimento para aproveitar as vantagens da ciência e da tecnologia para apoiar a rentabilidade, a competitividade e a sustentabilidade do meio ambiente. O objetivo do Programa de Apoio aos Pequenos Produtores é apoiar a gestão técnica, económica e sanitária dos produtos derivados destas espécies que permitam uma inserção sustentável dos seus produtos no mercado de exportação ou para consumo local ou nacional.

As deficiências existentes no sistema de produtos devem ser recuperadas e sistematizadas em um documento, bem como as propostas de soluções voltadas para inovações tecnológicas com suas respectivas atividades, permitindo sua avaliação, mensuração e acompanhamento durante a vida útil do serviço. Este documento onde serão hierarquizadas as acções para atender aos problemas e necessidades de transferência de tecnologia já valorizados para o SP e temas estratégicos para o sector rural é denominado Agenda Inovações em Bovinos de Corte para a DDR Casas Grandes. A agenda não só considera as necessidades a curto prazo, mas também toma como referência o médio e longo prazo, considerando que a cada ano pode ser actualizada com base nas necessidades dos produtores do território ou que tenham mudado as prioridades de atenção aos problemas actuais.

Para gerar a Agenda de Inovações Tecnológicas, o Centro de Extensão e Inovação Rural - Facultad de Zootecnia y Ecolog^a, Universidad Autonoma de Chihuahua, SENACATRI INCA Rural en Chihuahua, INIFAP, Extensionistas, Produtores de Queijos dentro de cada Sistema de Produto, Empresários da Indústria do Queijo, governos dos três níveis. A agenda abordará os diferentes mapeamentos da cadeia produtiva de SP, mercados-alvo actuais e potenciais, processos de trabalho associados ao mercado-alvo, identificação de inovações nos processos de trabalho para atender às demandas do mercado-alvo e indicadores previstos para melhoria competitiva a curto, médio e longo prazo.

CARACTERÍSTICAS DO TERRITÓRIO DA DDR CASAS GRANDES

O Distrito de Desenvolvimento Rural 001 do Ministério da Agricultura, Pecuária, Desenvolvimento Rural, Pesca e Alimentação (SAGARPA) está localizado na região noroeste do estado, incluindo os municípios de Nueva Casas Grandes, Janos, Ascension, Casas Grandes, Galeana e Buenaventura. Abrange uma superfície total de 3,41 milhões de hectares, dos quais 66% da sua superfície corresponde à pecuária, 13% à silvicultura e 5,6% à agricultura.

Esta região tem uma população rural de 28.727 habitantes, o grau médio de marginalização nesta região é baixo.

Em termos de níveis de pobreza nesta região, 8% têm pobreza alimentar acentuada, 11,7% têm pobreza de capacidade e 26,3% têm pobreza patrimonial.

O clima é extremamente árido, com uma temperatura anual que varia entre uma máxima de 1 grau Celsius e uma mínima de 17 graus Celsius. A precipitação é muito homogénea, com uma precipitação média anual em Janos e Ascensão de 297 mm e no resto dos municípios de 308 a 326 mm.

A atividade agrícola e pecuária representa um importante rendimento económico de cerca de 2,89 milhões de pesos em média por ano. A distribuição na região, no que diz respeito à carne bovina: a produção de gado em casco é de 19.132 toneladas, com uma produção económica de $24.689.000,00 e de carne em carcaça de 9,8 toneladas, com uma produção económica de 356,348 milhões de pesos.

Em resumo, a indústria de gado de corte traz para a região um valor económico de aproximadamente $ 7.360 milhões de pesos. As fazendas de gado, o gado no casco é um dos mais representativos do estado, nesta região tem uma produção de quase 19.132 milhões de pesos.

INFRA-ESTRUTURAS DE BASE E HIDRO-AGRICULTURA

Hidrologia.

Tem o Casas Grandes, que desemboca na lagoa Guzman, penetrando antes de sua jurisdição e passando às de Janos e Ascensão; este não, em uma parte, serve de Kmite com Casas Grandes. No seu curso foram construídos dois depósitos artificiais, as Lagunas Grande e Chica, com o objetivo de aproveitar as suas águas.

Existe uma rede de auto-estradas e estradas em bom estado, bem como uma rede de comunicações para telefones com e sem fios e eletricidade. A Internet e a água potável não existem em algumas comunidades.

MAPEAMENTO DA CADEIA DE VALOR.

Bovinos de carne:

Dentro da dinâmica que se estabeleceu com o brainstorming os produtores do sistema de produto Vaca - Bezerro ao desmame levantaram a cadeia produtiva onde estabelecem o fluxo de seu produto desde a produção até chegar ao mercado alvo, este eles o formam como: o fluxo de comercialização que existe atualmente para conseguir exportar gado para os Estados Unidos da América. Eles estabeleceram as funções de produção envolvidas na cadeia para a produção de quilogramas (kg) de bezerros desmamados e sua comercialização para os Estados Unidos, ao longo da cadeia, conhecendo a melhor oferta. Da mesma forma, estabelecendo os elos em que têm actividades e as características do vitelo para a sua comercialização entre elos e ao longo da cadeia.

A cadeia que apresentaram estava numa matriz e o local onde **se encontravam** era:

Fornecedor	Produtor Aqui estamos	Transportes Aqui estamos 20% do total	Colecionador II	Coletor I	Pré-embalagem de vitelos para exportação	Transportadora	Mercado de exportação
Fornecedor	Produtor	Transportista	Colecionador II	Coletor I	Pré-embalagem de vitelos para exportação	Transporte para a fronteira	Mercado de exportação
Fornecedor	Bezerro desmam	Os vitelos	120 kg de vitelo	120 kg de vitelo	Vitelos alimentados	Os vitelos são	Venda do vitelo

ado de 120 kg transportado para o NCG	desmamados foram transferidos para o NCG pelos produtores (20%) e os restantes foram vendidos à porta da exploração.	desmamado	desmamado		em compartimentos aproximadamente 60 dias e comercializado nos EUA. Peso do vitelo 150 a 160 kg	transportados em lotes de 100 animais para a fronteira	deslocado para a fronteira
Oferece insumos para a produção de bezerros na desmama, tais como: concentrados, forragens, medicamentos, equipamentos de trabalho, implementos de infraestrutura, serviços, etc.	Ele gere o seu negócio e tem uma gestão anual do seu gado em pastagens para obter uma colheita sazonal de vitelos.	Com exceção dos produtores que trazem os seus vitelos para o NCG (20%), os restantes produtores pagam o transporte dos animais quando os vendem à porta da exploração.	O coletor II compra o gado ao produtor e desloca-o para a zona de recolha, onde entrega os animais ao coletor.	O armazenista I recebe animais saudáveis e prepara-os para o processo de acondicionamento nos confinamentos do NCG.	Os animais são alimentados com dietas de qualidade intermédia durante um período de 60 dias e depois exportados em lotes homogéneos. fronteira, facilitando ao armazenista I a recuperação da dieta no curral de exportação.	O gado é transportado por camião até à fronteira, alguns cobradores têm a sua própria frota, mas outros alugam o serviço.	O único criador de gado já viu a sua compra e a exportação é efectuada na fronteira. Outros criadores de gado fortes têm o seu negócio nos EUA e efectuam o processo de exportação para desenvolver os vitelos em

							território americano.
Concentrados, cereais energéticos e/ou proteicos, forragens de qualidade e preço diferentes, medicamentos, produtos biológicos, serviços técnicos, aditivos.	Vitelos desmamados de 120 kg, novilhas desmamadas de 130 kg, vacas de reforma, touros de reforma	A transferência das explorações para o ponto de recolha principal é oferecida, o vitelo é comprado à porta da exploração.	O vitelo é transferido para a coleção do intermediário e entregue saudável com 120 kg de peso vivo.	O vitelo é comprado ao criador II ou é dada uma comissão por vitelo, e o vitelo é levado para o curral de acondicionamento onde recebe o tratamento adequado para iniciar esta fase.	O vitelo é submetido a um processo de condicionamento para Obter um ganho de 40 a 50 kg por vitelo condicionado.	é Mobilização para a fronteira	Venda de vitelos nos currais da Union Ganadera Regional de Chihuahua.
Sabamex Alcodesa, Forrajeras, FIRA, Bancos, Bayer, Nutrimol, Estações de serviço, Supermercados.	O Grupo de Produtores é da RDD Casas Grandes	Ofelia, Jesus, Isidro	Ofelia, Jesus, Isidro	Empresa El Tri, Alvaro, Su Karne	Empresa EIT ri, Alvaro, Su Karne	Empresa El Tri, Alvaro, Su Karne. Os produtores que não gerem grandes stocks de gado alugam o transporte.	A própria Empresa El T ri passa o gado para os EUA; Su Karne; Álvaro vende na fronteira. .

Fonte. Elaboração própria, trabalho de campo 2016.

Conhecem a sua localização e praticamente o seu mercado-alvo atual é o intermediário (armazenista II), o transportador não é considerado, uma vez que desloca o gado para a cidade de Nuevo Casas Grandes (NCG), considerando que gere esta ligação. Os produtores conhecem algumas das activities que realizam ao longo da cadeia, onde mostram os diferentes elos pelos quais passa o seu produto vendido ao intermediário até chegar à fronteira. Atualmente, encontram-se no primeiro elo da cadeia como produtores de vitelos ao desmame no sistema de produção vaca-bezerro. No elo do transporte, têm-no porque deslocam o gado para a zona onde está armazenado ou para o seu mercado-alvo atual, 20% dos produtores; o resto é vendido à porta da exploração. O armazenista II, que vende ao armazenista I, obtém um lucro por cabeça que oscila entre 2 e 6 pesos por kg de vitelo no momento da entrega. O armazenista I, que é o parceiro capitalista, compra ou paga a comissão pelo seu trabalho de transportador ao armazenista II. O armazenista I submete os animais a um processo de engorda durante um período de, normalmente, 60 dias antes de serem comercializados. Durante este período, trata-os de modo a que estejam prontos para serem enviados para exportação.

O objetivo dos produtores é exportar diretamente os seus animais, organizando-se para procurar um novo mercado-alvo na fronteira, e reforçar os elos do coletor II e I, que detêm os lucros mais importantes da cadeia.

Os produtores fizeram **uma cadeia para mostrar o fluxo** do seu produto ao longo da cadeia e a forma como o seu produto vendido a intermediários II era tratado.

Eles também mostraram o produto que flui através dos diferentes elos da cadeia de produção, bem como os serviços que são oferecidos em qualquer momento do processo. No caso do fluxo do produto, alguns produtores transportam o seu produto para Nuevo Casas Grandes, onde é comercializado com compradores da zona (armazenista I); o vitelo flui para o comprador II e depois, num dia ou num par de dias, passa para as mãos do armazenista I, que leva os vitelos de 120 kg a pé para os engordar para acondicionamento durante um curto período e depois os leva para a fronteira, onde são comercializados diretamente ou procuram um comprador americano.

Segue-se a **cadeia de actividades** que, segundo os produtores, são realizadas em cada elo da cadeia de produção, na matriz previamente construída.

Como se pode verificar, os produtores do sector social conhecem as actividades que se desenvolvem em cada elo, as quais, no futuro, se se organizarem ou se associarem a outros produtores, poderão autonomizar-se em alguns elos, o que lhes permitirá ter melhores lucros para si próprios e atingir o mercado-alvo a que atualmente não conseguem aceder, mas afirmam que lhes é possível atingir esse novo mercado.

Dentro da **cadeia de fornecimento** é estabelecida pelas diferentes empresas da área, bem como produtores de forragem e grãos, serviços de assistência técnica; o produtor se concentra na produção de bezerros em suas unidades de produção. A maioria deles está imersa no sector E1 e E2. O facto de não estarem organizados tem permitido que os colectores tenham controlo sobre a comercialização dos seus vitelos, o que favorece o serviço de um intermediário para transportar os seus vitelos, que paga por este serviço e lhes oferece um valor mais baixo por quilograma de vitelo, sujeito à sua aceitação com restrições.

Os produtores conhecem os elos de transporte, coletor II, coletor I e acondicionamento de bezerros e as atividades que devem ser desenvolvidas. Isso possibilita que eles se capacitem nesses elos, porém, precisam se organizar e buscar financiamento e orientação para o processo de mobilização do gado e exportação. Esta situação é exequível através do apoio de extensionistas que conheçam o processo e os formem, bem como os sujeitem a crédito para o processo a que os animais são sujeitos para atingirem o peso de 160 kg e a sua comercialização na fronteira.

Existe toda uma estrutura na cadeia produtiva do gado de corte dentro do sistema de produtos, onde o bezerro obtido é exportado na maioria dos casos. Como se pode verificar, há um domínio do conhecimento da cadeia produtiva por parte dos produtores, que é viável se estes se juntarem e estabelecerem um projeto de vida em grupo, procurando o mercado alvo de exportação. Os próprios produtores constatam que, independentemente do mercado de exportação, se continuarem a vender à porta da exploração, os seus rendimentos e eventuais lucros serão sempre inferiores, pois têm de pagar certos serviços dispendiosos e negociar com intermediários. Detectaram que estes actores são os que ficam com os benefícios da cadeia de valor.

Em cada elo da cadeia, são desenvolvidas actividades específicas que permitem o fluxo de vitelos e serviços para trás e para a frente na estrutura da cadeia, tal como se manifesta na dinâmica de trabalho entre produtores e empresários, principalmente.

MERCADO-ALVO

Para a elaboração do mercado-alvo, os produtores participaram, afirmando que atualmente 80% vendem à porta da exploração nos seus ranchos e os restantes 20% vendem em Casas Grandes, uma vez que têm de trazer os animais das montanhas. Praticamente todos vendem a um intermediário de segundo nível (mercado alvo atual), onde detectaram na análise da cadeia de produção que muitos dos custos dos serviços são retidos pelo intermediário, perdendo uma quantia considerável por cabeça de vitelo comercializado.

Atualmente, os produtores vendem os seus vitelos para a zona de Casas Grandes, oferecendo os seus vitelos com boas características fenotípicas e número um para exportação, onde têm os melhores preços na fronteira.

Características do vitelo.

O vitelo com casco é comercializado pelos produtores ao grossista II com as seguintes características

Vitelo de 120 kg, devidamente identificado, vacinado, sem chifres e sem castrar, testado para Tuberculose e Brucella, com Unidade de Produção Registada, livre-trânsito, fatura e os requisitos necessários para a exportação.

Para a exportação, o mercado-alvo para o qual se pretende candidatar ao seguinte:

Autorização de exportação, aprovação da resena de exportação de gado pelo governo para deslocamento até a fronteira, inspeção do gado pelo governo estadual nas diferentes cabines fitossanitárias, bezerros e novilhas castrados, testados para tuberculose e brucelose, identificação SINIIGA, sadios, sem feridas, marcados com o ferro de queimar do produtor e com o M. Livre a bordo até que o gado saia do serviço aduaneiro mexicano e americano.

Qualquer produtor pode exportar desde que cumpra os requisitos acima mencionados, no entanto, é recomendável que conheça previamente os compradores na fronteira, a situação do mercado de exportação, uma vez que é flutuante, os processos que são realizados nos currais desde que é recebido até ser entregue no lado americano com os respectivos cortes, se houver, e a cobrança da transação e o pagamento dos serviços aduaneiros mexicanos e americanos.

Processo de trabalho para a produção de bovinos de carne com casco:

As actividades que os produtores realizam nos seus processos de produção de vitelos são as do primeiro elo da cadeia produtiva, que é a produção. Estas actividades são realizadas diariamente pelos produtores através de diferentes desempenhos, alguns tradicionais que requerem melhorias e outros que são aceitáveis no seu contexto produtivo.

Durante este processo, foi pedido ao agricultor que descrevesse as diferentes actividades que realizava na sua PPU para produzir vitelos. Considerando: o que fazem, como o fazem, com que o fazem e para que o fazem.

Os processos associados à produção de vitelos exigidos pelo mercado-alvo começam com a identificação dos processos que estão relacionados com a produção de vitelos exigidos pelo mercado-alvo internacional. De seguida, são apresentados os processos de trabalho associados à obtenção das características exigidas pelo mercado alvo.

Tabela 23. Processos de trabalho associados para alcançar as exigências do mercado-alvo

Características do produto procurado pelo mercado-alvo	Processos associados
Bezerros e novilhas castrados, testados para tuberculose e brucelose, identificação SINIIGA, UPP registada e em vigor Animais saudáveis, sem	Processo produtivo para a produção de vitelos para exportação

feridas, marcados com o ferro queimado do produtor e com o M Vacinado Idade dos 5
aos 18 meses.
De preferência, cruzado europeu ou de boa raça Sem doenças de pele.

Fonte. Elaboração própria, trabalho de campo 2016.

Os processos de trabalho associados à obtenção das condições de mercado-alvo são
enumerados no quadro seguinte.

Tabela 24. Processos de trabalho associados à concretização das condições do mercado-alvo.

Estado	Processo associado
O vitelo produzido em pastagem apresenta as características descritas no quadro anterior.	Aquisição de vitelos de qualidade para serem entregues no mercado-alvo de exportação.
Entrega anual, aquando da colheita dos vitelos desmamados.	Logística: Processo de produção de vitelos ao desmame no sistema de produção vaca-bezerro. Planeamento anual de vendas e, no caso de ser intermediário, será em função da conformação de grupos de vitelos para os comercializar na fronteira. Contrato de frete ou próprio, contrato de serviços aduaneiros mexicanos e eles fazem a ligação com o americano. Autorização e documentos em ordem, transferência e ocupação das celas atribuídas na fronteira pela UGRCH, Pesar os vitelos à chegada, oferecer alimentos aos vitelos nos respectivos compartimentos, Respeitar a fila de espera em função dos turnos efectuados diariamente.
	Controlo dos vitelos nos currais para detetar doenças (pessoal americano), passagem do gado para inspeção pelos inspectores americanos, passagem dos vitelos autorizados para o banho de imersão para entrar nos currais americanos, corte dos lotes por peso e qualidade, pesagem dos lotes, registo e preparação da documentação para liquidação.
Custo gratuito a bordo até que o gado seja transferido para o lado americano.	Logística: Transporte, Administração
O total de kg de vitelos recebidos no lado americano é pago nesse país, mas a receção do dinheiro é feita através de uma ordem de pagamento a um banco americano e depois o banco americano efectua a transferência para a conta.	Administração Registos dos pesos do lado americano e da receção e qualidade do produto previamente avaliado.
Estado	Processo associado
do produtor num banco	

mexicano. Duração de 3 dias.	
Assinatura de contratos	Não existe um contrato propriamente dito, o processo é feito de boca em boca e as alfândegas mexicanas e americanas aconselham o processo de compra e venda de gado, tanto do lado mexicano como do lado americano.

Fonte. Elaboração própria, trabalho de campo 2016.

ANÁLISE COLECTIVA DOS PROCESSOS DE TRABALHO ACTUAIS

Durante o desenvolvimento da análise foi a oportunidade para os produtores expressarem o seu conhecimento tácito para a execução das suas rotinas de trabalho para a produção de vitelos ao desmame com 120 kg. Foram feitas perguntas directas sobre os conhecimentos, questionando sequencialmente sobre os seus processos, de forma a permitir que os actores do elo de produção descrevessem como realizam o seu trabalho, com o quê, bem como o cálculo dos custos.

O primeiro passo foi definir as actividades envolvidas no processo de trabalho em análise.

Processo de produção para a produção de vitelos ao desmame:

O que é que o Produtor faz?

Alimentar a vaca no pasto, nos paddocks atribuídos.

A água é mantida num bebedouro ou em reservatórios de água temporários ou permanentes.

Manter coeficientes de pastagem de 15 a 28 ha/ano.

Por vezes, as suas pastagens estão em boas condições.

Controlar o gado semanalmente

As vacas são criadas em regime de pastagem através de acasalamento direto com touros dos mesmos produtores ou de outros produtores.

Se a vaca não parir, repita os serviços até ela parir, o que acontece frequentemente neste sistema de produção e nas condições em que o efetivo é gerido.

Se esta prenada estiver anotada no calendário da casa

A vaca é desmamada com cerca de 5 meses de idade e o vitelo é desmamado.

O vitelo não é vacinado ao desmame e é mantido afastado da vaca durante os dias em que chega.

o comprador do animal.

A vaca é alimentada com erva do pasto das vacas desmamadas sem saber se está desmamada ou não.

Prenada

Quando a vaca dá à luz, é mantida no mesmo paddock que as vacas não lactantes.

Divisão dos paddocks

Ajustamento da carga animal

Distribuição de água

Controlo de ervas daninhas tóxicas

Conservação dos solos

Inicia o aleitamento materno e, frequentemente, não o complementa

Os vitelos desmamados são por vezes enviados para outros cercados, mas são frequentemente confinados com animais de estádios fisiológicos diferentes. As novilhas são mantidas em pastagens até atingirem o parto com uma idade igual ou superior a 3 anos.

No desmame e no momento da venda, os animais que não forem deixados para substituição serão marcados auriculares com um identificador SINIIGA,
Suplemento mineral
Suplemento proteico
Vitaminização do gado durante os períodos de seca
Condicionamento dos vitelos pós-desmame
Solicitar ao SINIIGA o areado para os incrementos.
Torno e areta com brinco SINIIGA aos 4 a 5 meses de idade.
Mantém o desenvolvimento de vitelos com dietas pobres em nutrientes
Monda durante todo o ano
Avaliação seminal
Compra de garanhões
Monda controlada
Seleção de substitutos
Vacinação das vacas ao desmame
Registos económicos e de produção
Desparasitação interna e/ou externa
Eliminação de animais não produtivos
Diagnóstico de gravidez
Castração de vitelos
Desmame atempado e não aos 4 ou 5 meses de idade
Organização de Produtores

A lista acima mostra as actividades que são normalmente realizadas na pastagem, as frases destacadas são as inovações propostas pelos produtores, que atualmente não estão estabelecidas se serão realizadas a curto, médio ou longo prazo.

Segue-se uma descrição de cada uma das actividades tradicionalmente desenvolvidas pelos produtores de carne de bovino para servir o seu mercado-alvo.

Quadro 25 . Análise das actividades necessárias para servir o mercado-alvo.

O que é que eu faço?	Como é que o faço?	O que é que eu uso?	Que quantidade devo utilizar?	Quanto é que custa?	Total ($)	Observações
Alimentar a vaca no pasto, nos paddocks atribuídos.	A vaca tem o seu consumo voluntário em pastoreio, estimando-se um consumo aproximado de 8 a 10 kg de matéria seca/dia.	Dieta de pastagem com ervas, arbustos e ervas, consoante a época do ano.	9 a 13 kg em PTU em terras de pastagem	6. 00pesos diáriospor cabeça	$6.00	É proposto um regime alimentar que não se baseia tecnicamente nos níveis de produção. Todas as vacas recebem o mesmo regime alimentar.
O que é que eu faço?	Como é que o faço?	O que é que eu uso?	Que quantidade devo	Quanto é que custa?	Total ($)	Observações

<table>
<tr><th colspan="6">utilizar?</th></tr>
<tr>
<td>A água é mantida num bebedouro ou em reservatórios de água temporários ou permanentes.</td>
<td>Atualmente, encontra-se em barragens e cursos de água permanentes.</td>
<td>Armazenamento de água em barragens ou cursos de água com água corrente</td>
<td>50 litros por vaca e por dia no verão e 30 litros no inverno</td>
<td>0.0</td>
<td>0.0</td>
<td>A água é fornecida por barragens e riachos</td>
</tr>
<tr>
<td>Manter coeficientes de pastagem de 15 a 28 ha/ano.</td>
<td>Zona de pastagem</td>
<td>Zona de pastagem da propriedade</td>
<td>15 a 28 ha, consoante o estado</td>
<td>Cobrado por d^a na zona</td>
<td>Cobrado por d^a na zona</td>
<td>Animais no pasto</td>
</tr>
<tr>
<td>Ele controla o seu gado de quinze em quinze dias na estação das chuvas e semanalmente na estação seca.</td>
<td>Visita à zona de pastagem perto das barragens</td>
<td>Observação</td>
<td>20 minMa</td>
<td>(9,00*40km) /30 vacas</td>
<td>12,00/vaca por visita (432,00 por ano)</td>
<td>Observação visual em cada visita</td>
</tr>
<tr>
<td>As vacas são criadas em regime de pastagem através de acasalamento direto com touros dos mesmos produtores ou de outros produtores.</td>
<td>Os touros são mantidos com as vacas durante todo o tempo o ânus</td>
<td>Garanhão</td>
<td>1</td>
<td>227,00/pessoa</td>
<td>227.00</td>
<td>Para amortização do garanhão ((25000-8000)/30)*2</td>
</tr>
<tr>
<td>Se a vaca não parir, os serviços são repetidos até ela parir, o que é frequente neste sistema de produção e nas condições em que o gado é gerido.</td>
<td>Serviço de garanhões</td>
<td>Garanhão / vaca</td>
<td>1</td>
<td>Já cobrou o custo</td>
<td>Já cobrou o custo</td>
<td>Já cobrou o custo</td>
</tr>
<tr>
<td>Se esta prenada estiver</td>
<td>Registo informal</td>
<td>na</td>
<td>na</td>
<td>na</td>
<td>na</td>
<td>na</td>
</tr>
</table>

anotada no calendário da casa						
A vaca é desmamada com cerca de 5 meses de idade e o vitelo é desmamado.	O desmame é efectuado retirando o vitelo da vaca.	Uncorral onde a criação é deixada com água e forragem de baixa qualidade.	14.30 ((120*.03)/ .88ms forragem)) *3,5=14,30 por dia	429.55 (14.30*30)=	429.00	Alimentação dos animais reprodutores, à medida que são vendidos ao criador II
O vitelo não é vacinado ao desmame e é separado da vaca durante os dias em que o comprador chega para o animal.						
A vaca é alimentada com erva do pasto das vacas desmamadas sem saber se está ou não grávida.	A vaca é apenas desmamada e enviada para o pasto.	Agostadero	Já cobrado no aluguer diário		O custo já foi cobrado no aluguer diário	
Quando a vaca dá à luz, é mantida no mesmo paddock que as vacas não lactantes.	Sabe da entrega a partir da visita semanal	O restolho está a ser utilizado para apoiar as pastagens	4 kg/vaca	12.00/vaca	1620.00	É dado um suplemento de forragem à vaca que está a parir.
Divisão dos paddocks	Não existem					Está prevista a apresentação de um pedido de apoio para inovar
Ajustamento da carga animal	Não existe					Está programado para inovar
Distribuição de água	Sem distribuição n					Prevê-se a apresentação de um pedido

O que é que eu faço?	Como é que o faço?	O que é que eu uso?	Que quantidade devo utilizar?	Quanto é que custa?	Total ($)	Observações
						de apoio à inovação
Controlo de ervas daninhas tóxicas	Não existe					Está programado para inovar
Conservação dos solos						Está programado para inovar
Os vitelos desmamados são ocasionalmente enviados para outros cercados, mas são frequentemente confinados com animais de estádios fisiológicos diferentes.	Os vitelos são alimentados com a sua dieta diária.	Agostadero	2,00/cb	4.00*975 D^as de pastoreio para chegar à entrega	3900.00	Custo de substituição por renda de exploração até ao parto
As novilhas são mantidas em pastagens até atingirem o parto com uma idade igual ou superior a 3 anos.	Controlo do gado	Produtor	1	Já cobrou o custo	Já cobrou o custo	Funciona sozinho, sem qualquer programa de desenvolvimento ou de acasalamento.
No desmame e no momento da venda dos animais que não são deixados ao a substituição é-lhes transmitida com Identificador SINIIGA,	A reprodução é efectuada por um técnico de identificação autorizado.	TIA	Aumento de 15 animais no efetivo	25.00/cb	25.00	O serviço do técnico é pago pelo registo dos aumentos.

O que é que eu faço?	Como é que o faço?	O que é que eu uso?	Que quantidade devo utilizar?	Quanto é que custa?	Total ($)	Observações
Suplemento mineral						Está programado para inovar
Suplemento proteico						Está programado para inovar
Vitaminização do gado no período seco						Está programado para inovar
Condicionamento dos vitelos após o desmame						Está programado para inovar
Torno e areta com brinco SINIIGA aos 4 a 5 meses de idade.						Está programado para inovar
Monda durante todo o ano	Manutenção de garanhões com vacas	Apenas a dieta do garanhão no pasto.	20 kg TCO	7,00/dia	170,00 custo por vaca	Custo por vitelo produzido
Avaliação seminal						Está programado para inovar
Compra de garanhões						Está programado para inovar
Monda controlada						Está programado para inovar
Seleção de substitutos						Está programado para inovar
Vacinação dos leitões desmamados ao desmame						Programado para inovar
Registos económicos e de produção						Está programado para inovar
Desparasitação interna e/ou externa						Está programado para inovar
Eliminação de						Está

animais não produtivos					programado para inovar
Diagnóstico de gravidez					Está programado para inovar
Castração de vitelos					Está programado para inovar
Desmame atempado e não aos 4 ou 5 meses de idade					Está programado para inovar
Organização de produtores					Está programado para inovar

Fonte. Elaboração própria, trabalho de campo 2016.

O preço de equilíbrio para a venda de um bezerro é atualmente $ 74,00 pesos, considerando uma taxa de desmame de 50%. Este preço não inclui a renda do produtor e a depreciação das máquinas e equipamentos utilizados, bem como o combustível e vários outros produtos incluídos na matriz anterior.

Isto mostra que é importante melhorar os indicadores de produção para baixar os custos de produção por vitelo produzido em pastagem, estimando que se 100% dos vitelos fossem desmamados, o preço seria reduzido para metade. Assumindo que esta taxa de desmame não é possível, seria possível obter pelo menos 80% nos anos posteriores, com custos de produção que permitissem bons lucros líquidos. Atualmente, estas unidades de produção não são sustentáveis porque o preço de mercado na zona não ultrapassa o custo de produção por bezerro desmamado, se considerarmos que uma percentagem das vacas é retida para reposição e as fêmeas não têm o preço do bezerro no mercado.

Praticamente com este preço do vitelo apenas se cobrem os custos de exploração, o que não permite obter qualquer lucro para pagar os salários do produtor. Funciona apenas para manter os custos de exploração, no entanto, a empresa mantém-se porque o próprio produtor subsidia a empresa com o seu trabalho e a amortização das suas máquinas e equipamentos. Isto significa que a empresa corre riscos e num futuro próximo estará subcapitalizada, ou será suportada por outros rendimentos provenientes de outras fontes, correndo um elevado risco de dispersão.

Processos de trabalho para atingir a qualidade e as condições exigidas pelo mercado.

Os actores da fileira do gado bovino no território da RDD Casas Grandes devem modificar os seus processos de trabalho para garantir a rentabilidade das suas empresas, procurando novos mercados-alvo que lhes permitam obter melhores preços na comercialização do seu gado, como a exportação como mercado-alvo e o abate de animais não produtivos para os vender preferencialmente em leilões nas Casas Grandes. O quadro acima mostra: ^Como, com quê? ^Quanto? e custo? Estes foram investigados. Esta informação foi obtida junto de clientes, fornecedores e investigadores, entre outros.

A modificação para evitar perdas nesse mercado torna necessário efetuar certas modificações nos processos, incluindo algumas inovações que foram apresentadas pelos produtores. Todas as propostas são inovações comprovadas no sector empresarial que tiveram um impacto. No entanto, dado que existem muitos grupos de trabalho no âmbito do programa de apoio aos pequenos produtores de carne de bovino, é necessário que o extensionista, juntamente com os seus produtores e outros intervenientes directos e indirectos da(s) cadeia(s), sejam os responsáveis pela execução das tarefas correspondentes, sem as quais as modificações dos processos de trabalho não poderão ser implementadas, as modificações dos processos de trabalho podem não estar orientadas para a satisfação das exigências do mercado-alvo da exportação de vitelos e para a melhoria dos indicadores produtivos da empresa, o que aumentaria o risco de não ter um impacto favorável na cadeia para gerar valor ou riqueza económica, social e ambiental num esquema sustentável e de adaptação às alterações climáticas.

Os processos actuais de produção de carne são apresentados a seguir:

Tabela 26. Fases do atual processo de produção de bovinos de carne.

Fases do processo de produção	O que é que foi feito?	Com o quê?
Aquisição de substituições no mercado local de gado (principalmente garanhões)	Compram animais (garanhões, vacas ou novilhas) sem efetuar testes de despistagem da tuberculose, da BR e da Leptospira.	Dinheiro, mas no momento da compra não pedem provas de saúde animal.
Alimentação	Apenas a pastagem é oferecida com um suplemento forrageiro para satisfazer as necessidades de matéria seca e não-nutricionais exigidas pelas vacas em produção, principalmente.	Apenas com a dieta do animal no pasto.
Saúde	Alguns produtores vacinam, testam a brucelose e a tuberculose nas suas unidades de produção, alguns desparasitam e vitaminam esporadicamente. Pelo menos 50% testam o seu gado para a TUBERCULOSE e a brucelose, testes necessários para a obtenção de livre-trânsito.	Material de vacinação, vacinação bacteriana de 6, 7 e 8 vias, desparasitação com produtos à base de ivermectina, vitamina Ade. Técnicos autorizados efectuam testes de tuberculose e BR.
Fases do processo de produção	i. O que é feito?	Com o quê?
Gestão	Uma vez que os bovinos são geridos num rebanho comum, os animais não são lotificados de acordo com o seu estado fisiológico, o que não permite uma melhor gestão das pastagens e, consequentemente, dos bovinos. Não são mantidos registos de produção, desconhecendo-se a produtividade de cada vitelo.	Com a utilização de um único paddock, o gado é alimentado com as gramíneas e plantas disponíveis na pastagem.
Reprodução	Utiliza apenas a área de pastagem para	Com touros e reprodutores

	os animais realizarem o seu comportamento reprodutivo de forma natural e o acasalamento ocorre com os diferentes garanhões disponíveis na comunidade ao longo do ano.	dentro da área de pastagem das UPPs.
Genética	Poucos produtores conseguem adquirir garanhões com o apoio oferecido pelo governo estadual e os demais mantêm alguns animais na área sem ter informações próprias sobre o animal.	Beneficiar dos subsídios, solicitando um pedido à Secretana de Desarrollo Rural ou SAGARPA. Os animais que são retidos só o são após uma avaliação in loco do animal.
Administração	Não é efectuado qualquer processo administrativo para conhecer a situação da empresa.	Apenas recebem o rendimento da venda dos animais, mas não é elaborado qualquer balanço. Alguns para conhecer a situação financeira da empresa.
Organização	Cada uma delas compra factores de produção e vende os seus produtos de forma independente.	Compram e vendem na zona ou em Casas Grandes.

Fonte. Elaboração própria, trabalho de campo 2016.

Esta informação é complementada pelo quadro acima, onde são indicados os custos da mão de obra, dos factores de produção, dos equipamentos, das infra-estruturas, das máquinas, etc.

Os processos ideais para a produção de leite são apresentados a seguir:

Tabela 27. Fases do processo de produção "ideal" de acordo com o mercado-alvo identificado.

Fases do processo Produtivo	O que é que se deve fazer?	Com o quê?
Aquisição de produtos de substituição no mercado.	Compram garanhões com características fenotípicas bem definidas e estimam o seu mérito genético através do seu pedigree com informações fiáveis e valiosas. Selecionar os animais de acordo com o sistema de produção. Adquirir animais com testes actuais de tuberculose e BR. Adquirir animais de substituição com testes negativos para leptospira, neo esporos, etc.	Financiamento, conhecer as características fenotípicas para avaliar o gado e interpretar as informações genealógicas. Solicitar o documento ou cópia que comprove a validade dos testes.
Alimentação	Elaborar os suplementos de acordo com as fases de produção. Utilizar corretamente as suas infra-estruturas de distribuição de água, uma vez que há zonas em que os bebedouros não têm qualquer influência e essas zonas não são utilizadas.	Construção de cercados, conhecimento da dieta dos animais em produção e crescimento, financiamento para melhorar a distribuição de água e a associatividade.

	Planear compras consolidadas de forragem e comprar forragem numa base vantajosa para todos.	
Fases do processo Produtivo	**i. O que deve ser feito?**	**Com o quê?**
Saúde	Programar a vacinação de acordo com a área e a prevalência. Efetuar testes de tuberculose e de BR a todos os produtores da zona. Vitaminar o gado em alturas críticas, especialmente a vitamina ADE, no entanto, dependendo do estado do gado e da dieta que ele está a comer, é provável que seja necessário oferecer vitaminas B e suplementos minerais durante todo o ano. Efetuar um teste de desparasitação para ver se é necessário desparasitar o gado e, em caso afirmativo, efetuar esse teste.	Com protocolo de vacinação de acordo com a área, contratar um técnico certificado para realizar testes de TB e BR para todos os produtores, vitaminas. intramuscularmente com ADE, oferecer suplementação de macro e micro minerais) e recolher amostras de fezes para serem analisadas.
Gestão	Registos e sua interpretação. Lotação de acordo com as fases produtivas e reprodutivas e o estado corporal. Identificação da vaca e manutenção de registos produtivos e económicos.	Manter os registos actualizados, de modo a que as vacas possam ser adequadamente lotificadas para oferecer alimentação ou programadas para um evento produtivo, reprodutivo ou de gestão.
Reprodução	Diagnóstico da gestação e avaliação do gado para conhecer a sua produção anual, obter a idade dos animais e eliminar os animais não produtivos. No caso de existirem muitos animais não produtivos, determinar as causas e o controlo, gerir o gado no pós-parto e evitar que as vacas adoeçam. Avaliar o estado, idade e a aptidão reprodutiva dos garanhões.	Com luvas para diagnosticar a gravidez e registar informações de campo, verificar a dentição e registar na base de dados, verificar as vacas no pós-parto, com equipamento adequado para avaliar a aptidão reprodutiva dos reprodutores.
Genética	Candidatar-se a um simples pedido de apoio para a compra de garanhões,	Obter uma candidatura simples e apresentá-la na janela SAGARPA.
Administração	Manter registos económicos e de produção da empresa ou do efetivo.	Utilização de diários de bordo e registo das informações sobre o efetivo e das receitas e despesas do efetivo.
Organização	Formar uma organização que permita obter melhores benefícios do que individualmente.	Registar-se num notário público, mas previamente aconselhado por um

	especialista em integração de grupos de trabalho como uma organização congruente com as expectativas do grupo e do trabalho.

Fonte. Elaboração própria, trabalho de campo 2016.

Comparação dos processos de trabalho "actuais" e "ideais

Com base na dinâmica do trabalho realizado pelos produtores, os extensionistas e empresários da produção de carne estão a propor algumas inovações a serem integradas nos seus processos de trabalho, a fim de tornar as suas empresas pecuárias mais rentáveis e competitivas. Será necessário fazer alguns ajustes e mudanças em algumas partes dos processos, alguns serão sem custos e outros envolverão financiamento para a sua implementação e espera-se que estes sejam integrados nos processos normais dentro das empresas (adoção de inovações tecnológicas). Será necessária a participação de actores externos que tenham interesse no sistema de produtos para o tornar rentável e competitivo no mercado da carne de bovino, tendo em conta a deficiência da carne de bovino no México.

No entanto, é necessário dar apoio aos actores para os comprometer a mudar de atitude e gerar a adoção de mudanças, com a aprendizagem e o investimento necessários no exercício de comparação dos processos de trabalho que já realizam com os processos de trabalho considerados ideais para garantir a qualidade do produto exigido pelo seu mercado atual.

Tabela 28. Identificação de investimentos e retornos para cada processo.

	Conceito de investimento	Custo	Kg
	Aquisição de garanhões	5,400,000.00	carne/carne de vaca/carne de vitela
Processo de trabalho "ideal" para servir o mercado-alvo	Melhorar a Alimentação do gado	16,200,000.00	**165.00**
	Melhoria da saúde animal	2,496,125.00	
	Melhorar a eficiência reprodutiva	850,000.00	
	Total	**24,946,000.00**	

Fonte. Elaboração própria, trabalho de campo 2016.

Considerando a necessidade de 25% dos touros anualmente para substituir os touros antigos, são necessários 216 touros para as unidades de produção dos produtores E1 e E2, que terão de ser substituídos pelo grupo de produtores que beneficiam do programa. Por conseguinte, a compra de 216 touros por ano com financiamento do SENA é suscetível de reduzir o valor na prática, mas se não houver um programa de rotação de touros, alguns touros terão descendência, o que não é útil. Recomenda-se a compra de touros que se tenham desenvolvido num ambiente semelhante àquele em que os touros se encontram atualmente.

A alimentação do gado sena no início com as vacas em produção e perto do parto, oferecendo uma melhor alimentação para melhorar a sua condição antes do parto e durante a lactação, para que não percam mais de um ponto na condição corporal, a fim de melhorar os indicadores reprodutivos e os pesos ao desmame. Reduzir o custo por quilograma de vitelo produzido nas UPP.

Apresenta-se de seguida a discriminação dos custos de produção actuais das diferentes UPP que compõem os serviços dos técnicos da DDR Delicias.

Tabela 29. Custos de produção atuais nas UPPs atendidas por serviços técnicos na região.

Processo	Conceito de investimento	Custo ($)	Observações
Processo de trabalho "atual" dos produtores	Alimentação do gado, qualidade e manuseamento do leite,	8,889.66	Custo por vitelo por ano com 120 kg de peso ao desmame
Total		**$ 8,889.66**	

Fonte. Elaboração própria, trabalho de campo 2016.

Com uma eficiência de desmame de 50% tem um custo de produção de $8.889,66 pesos, aplicando o investimento correspondente é necessário para melhorar a eficiência de desmame para .75 onde é possível reduzir significativamente o custo de produção de bezerros, também investindo nos conceitos acima mencionados sobre inovações tecnológicas é possível aumentar os pesos de desmame para 160 kg, organizando os produtores para fortalecer sua infraestrutura e gestão global do gado, exigindo 20 kg mais peso por bezerro desmamado, isso permite melhorar significativamente os indicadores de rentabilidade, deixando aproximadamente um lucro de $ 4.463,00 pesos por bezerro desmamado.

Análise da comparação

Comparar os investimentos e os retornos dos processos de trabalho ideais e actuais, apoiando o processo de análise da informação para que os actores identifiquem os benefícios da mudança, bem como os desafios que devem ser enfrentados e superados para concretizar os benefícios económicos, sociais e ambientais que proporcionam as melhorias para a competitividade. Os produtores presentes na reunião aperceberam-se de que as suas empresas são atualmente muito frágeis do ponto de vista económico e que muitas delas estão a perder dinheiro. O facto de terem uma certa quantidade de boas terras de pastagem permite-lhes suportar os custos da UPP. Atualmente, quase 50% das UPP estão a perder dinheiro, sem considerar um rendimento para o produtor; no entanto, ao gerar uma mudança na gestão do rebanho através da implementação de certas inovações tecnológicas, é possível melhorar os indicadores de produção que permitem que as empresas sejam sustentáveis e que o produtor tenha um rendimento significativo do seu rebanho na produção de carne.

Identificação de inovações nos processos de trabalho para responder às exigências do mercado-alvo.

A comparação entre os processos "ideal" e "real" permite determinar quais as actividades do processo de trabalho que são realizadas mas que devem ser melhoradas e quais as que devem ser incorporadas.

Tabela 30. Análise das atividades do processo de trabalho do gado de corte para atender o mercado-alvo.

O QUE FAZEMOS	O QUE É RECOMENDADO	COMO É CONSEGUIDO
Alimentar a vaca no pasto, nos paddocks atribuídos.	Alimentar a vaca em pastagens nos cercados especificamente afectados às vacas, novilhas e touros	Oferecer um suplemento adequado ao estado fisiológico da vaca ou dos animais em crescimento, a

	em gestação, em lactação e em parto, pelo menos.	fim de satisfazer as necessidades nutricionais diárias de cada grupo.
A água é mantida num bebedouro ou em reservatórios de água temporários ou permanentes.	A água é mantida em bebedouros ou em reservatórios de água temporários ou permanentes e as áreas de pastagem são alargadas com a água disponível.	A água é oferecida a partir de barragens e riachos, no entanto, há áreas que não são pastoreadas devido à falta de água, apenas em épocas de chuva.
Manter coeficientes de pastagem de 15 a 28 ha/ano.	Manter coeficientes de pastagem de 15 a 28 ha/ano.	Aplicar sistemas de pastoreio rotativo e adiar as interrupções do pastoreio para reforçar as gramíneas disponíveis.
Ele controla o seu gado de quinze em quinze dias na estação das chuvas e semanalmente na estação seca.	Ele controla o seu gado de quinze em quinze dias na estação das chuvas e semanalmente na estação seca.	Observação visual em cada visita do gado e os animais que se encontrem muito magros ou doentes devem ser aproximados do casco para os ajudar.
As vacas são criadas em regime de pastagem através de acasalamento direto com touros dos mesmos produtores ou de outros produtores.	As vacas são criadas em regime de pastagem através de acasalamento direto com touros dos mesmos produtores ou de outros produtores.	Reproduzir numa altura adequada com touros do ejido e substituir os touros antigos através de apoio governamental.
Se a vaca não parir, repita os serviços até ela parir, o que acontece frequentemente neste sistema de produção e nas condições em que o efetivo é gerido.	Se a vaca não parir no início da época de reprodução e não houver justificação prévia de doença na ausência de uma melhor gestão do efetivo, deve ser rejeitada.	Todas as vacas expostas a touros devem ser diagnosticadas para detetar a gravidez e as vacas não produtivas devem ser retiradas do efetivo.
Se esta prenada estiver anotada no calendário da casa	Cada vaca diagnosticada como grávida deve ser marcada para se conhecer o seu estado fisiológico no ano em curso.	Os dados relativos ao diagnóstico de gravidez devem ser registados no diário de bordo de cada vaca.
A vaca é desmamada quando o vitelo tem cerca de 5 meses de idade.	A vaca é desmamada com cerca de 7 a 8 meses de idade e o vitelo é desmamado.	Alimentação do vitelo através de apoio à lactação e suplementação com pasto, aumentando a duração da lactação em 3 meses para melhorar os indicadores de peso ao desmame.
O vitelo não é vacinado ao desmame e é separado da vaca durante os dias em que	O vitelo é vacinado ao desmame e separado da vaca até à altura de ser	No momento da ferração, os vitelos são vacinados e tratados para os preparar

o comprador chega para o animal.	comercializado no grupo de exportação.	para a exportação, sendo depois desmamados um mês mais tarde.
A vaca é alimentada com erva do pasto desmamada sem saber se está desmamada ou não.		
Quando a vaca dá à luz, é mantida no mesmo paddock que as vacas não lactantes.		
	A vaca é alimentada com erva do pasto das vacas desmamadas sem saber se está ou não grávida.	É importante dispor dos dados de diagnóstico para saber a que compartimento cada vaca será afetada em função do seu estado fisiológico.
	No momento do parto, a vaca deve ter recebido apoio alimentar e, uma vez parida, deve ser transferida para um recinto de vacas em lactação, onde apenas as vacas em lactação podem receber suplementos.	Com a gestão anterior, as vacas são mantidas em gestação num paddock específico para elas e, mais tarde, quando parem, são transferidas para o paddock das vacas em lactação.
	Divisão dos paddocks	Está prevista a candidatura a apoios à inovação nos programas de apoio da SAGARPA.
	Ajustamento do fator de densidade dos animais	Tornar a criação de gado mais eficaz e gerir um regulamento que permita respeitar o fator de densidade por membro.
	Distribuição de água	Está previsto um pedido de apoio para a utilização de áreas atualmente não utilizadas no local.
	Controlo de ervas daninhas tóxicas	Está prevista formação para o controlo manual de plantas tóxicas, bem como para a gestão de cercados para reduzir os riscos de intoxicação
	Conservação dos solos	Está programada a construção de redutores de velocidade da água nos cursos de água, bem como a recuperação dos solos. Isto reduzirá a erosão e a perda

O QUE FAZEMOS	O QUE É RECOMENDADO	COMO É CONSEGUIDO
		de solo.
	Os vitelos desmamados são enviados para	Vitelos de substituição sob o regime anterior
	cercados especiais para animais em crescimento, onde estes serão normalmente supervisionados.	seleccionados ao desmame serão afectados a um paddock específico para o desenvolvimento de substitutos, onde apenas estarão presentes animais contemporâneos.
	As novilhas são mantidas em pastagens sob vigilância até atingirem o parto, aos 30 meses de idade.	É realizado um programa de desenvolvimento e acasalamento de substituição.
	No desmame e aquando da venda dos animais. Que não serão deixados para substituição, devem ser marcados auriculares com um identificador SINIIGA.	O serviço do técnico é pago pelo registo dos aumentos.
	Suplemento mineral	Está previsto inovar com este programa, uma vez que é necessário melhorar o comportamento produtivo, reprodutivo e sanitário do número total de animais.
	Suplemento proteico	Está planeada a suplementação com fontes de proteína, a fim de melhorar as taxas de digestibilidade da dieta de pastagem.
	Vitaminização do gado no período seco	As vacinações são programadas para serem efectuadas em alturas críticas para ajudar as vacas, as substitutas e os garanhões.
	Condicionamento dos vitelos pós-desmame	Está prevista a realização de um plano de acondicionamento dos vitelos em parques de criação na comunidade ou em Casas Grandes.
	Uncorn e areta com brinco SINIIGA aos 6 a 8 meses	Os vitelos estão programados para serem preparados para a mobilização, se necessário,

		aproveitando os testes de tuberculose e BR, bem como o manuseamento do gado.
	Reprodução controlada	Melhorar a utilização dos touros de uma forma estratégica e eficiente, com uma única época de colheita de vitelos e uma gestão mais eficiente do efetivo.
Os vitelos desmamados são por vezes enviados para outros cercados, mas são frequentemente confinados com animais de estádios fisiológicos diferentes.	Avaliação seminal	Está prevista a sua realização dois meses antes do início da época de acasalamento.
As novilhas são mantidas em pastagens até atingirem o parto com uma idade igual ou superior a 3 anos.	Compra de garanhões	A aplicação simples do grupo deverá ser implementada até ao início do ano.
Aquando do desmame e da venda, os animais que não forem deixados para substituição serão marcados na orelha com um identificador SINIIGA,	Monda controlada	Com base no diagnóstico deste ano, está previsto analisar a informação e propor a melhor época de acasalamento para esta zona.
	Seleção de substitutos	Está previsto o início de uma seleção de vitelos a reter para substituição ao desmame.
	Vacinação dos leitões desmamados ao desmame	A vacinação dos vitelos está programada para o desmame, a fim de reduzir as perdas e de ter os animais prontos para serem vendidos e deslocados para a zona de leilão.
	Registos económicos e de produção	Está previsto iniciar a criação de diários de bordo para cada animal de forma a conhecer posteriormente o seu historial e com a informação do efetivo que permita tomar decisões assertivas.
	Desparasitação interna e/ou externa	Está prevista a realização de um estudo coproparasitológico e, caso se justifique com base nos resultados, a desparasitação

O QUE FAZEMOS	O QUE É RECOMENDADO	COMO É CONSEGUIDO
		com um produto recomendado para obter melhores resultados.
	Eliminação de animais não produtivos	Está programado para abater vacas improdutivas e velhas após o diagnóstico do estado de gravidez e lactação.
	Diagnóstico de gravidez	A efetuar 40 dias após a retirada dos garanhões.
	Castração de vitelos	Está previsto que se realize um mês antes de os vitelos partirem para a exportação.
	Desmame atempado 6 a 8 meses de idade	A sua duração é de dois meses antes de ser comercializada para os mercados de exportação na fronteira entre os EUA e o México.
	Organização de produtores	Está previsto começar por informar sobre qual a figura mais adequada para o grupo e, em seguida, procurar obter o registo da figura.

Fonte. Elaboração própria, trabalho de campo 2016.

A comparação entre o "ideal" e o "real" permite identificar as inovações a implementar: tecnologias a incorporar, práticas organizacionais a incentivar, mecanismos de financiamento a gerir, estratégias de marketing a desenvolver, etc.

Espera-se que, com a incorporação de inovações relevantes para as empresas pecuárias, sejam melhorados os seus indicadores de produção e de rendimento para a empresa, na esperança de melhorar os indicadores de rentabilidade.

Indicadores previstos para a melhoria da competitividade, a curto, médio e longo prazo.

As informações obtidas a partir do conhecimento das necessidades do mercado-alvo e das demandas que ele possui, bem como o mapeamento da cadeia de valor com a análise das informações obtidas nos processos de trabalho, A comparação entre os trabalhos atualmente realizados nas empresas e o ideal estabelecido mostrou uma lacuna que oferece e ao mesmo tempo representa para os atores um insumo básico para que eles trabalhem na identificação de indicadores que lhes permitam verificar ao longo do tempo se as melhorias ou inovações tecnológicas que forem incorporadas aos processos de trabalho contribuirão para dar ou aumentar a competitividade da cadeia. Este processo será estabelecido no momento em que os extensionistas desenvolvem as tecnologias que os produtores definem e, a seu tempo, estabelecerão os indicadores e as formas de os estimar quando apresentarem os resultados dos impactos produtivos, económicos e sociais.

Segue-se a série de tecnologias que foram propostas pelos produtores para serem desenvolvidas no próximo exercício de continuidade do serviço de extensão aos pequenos produtores.

Tabela 31. Tecnologias propostas pelos produtores de gado nos serviços de extensão rural a curto, médio e longo prazo (C, M, L).

Lista das tecnologias a incorporar		Lista de práticas organizacionais a encorajar
Divisão dos paddocks	L	Associações de produtores para a venda consolidada e consolidada de vitelos, bem como para o financiamento. facilitar as compras para exportação,
Ajustamento da carga animal	C	
Distribuição de água	L	
Controlo de ervas daninhas tóxicas	M	
Conservação dos solos	M	
Suplemento mineral	C	
Suplemento proteico	C	
Vitaminização do gado durante os períodos de seca	C	
Condicionamento dos vitelos pós-desmame	C	
Solicitar ao SINIIGA o areado para os incrementos.	C	
Torno e areta com brinco SINIIGA aos 5 a 6 meses de idade.	C	
Avaliação seminal	C	
Compra de garanhões	M	
Monda controlada	L	
Seleção de substitutos	C	
Vacinação dos leitões desmamados ao desmame	C	
Registos económicos e de produção	C	
Desparasitação interna e/ou externa	C	
Eliminação de animais não produtivos	C	
Diagnóstico de gravidez	C	
Castração de vitelos	C	
Desmame atempado e não aos 4 ou 5 meses de idade	C	
Organização de produtores	M	

Fonte. Elaboração própria, trabalho de campo 2016.

Definição dos critérios de competitividade

Para alcançar a competitividade neste sector, será necessário melhorar os processos de produção de vitelos ao desmame, o seu manuseamento durante o ano, o seu acondicionamento após o desmame, o transporte e a entrega para exportação. Considera-se que o peso ao desmame pode ser melhorado alterando as datas de desmame de 4 meses para 6 a 8 meses, com um aumento de, pelo menos, mais 40 quilogramas por vaca. Aumentar a taxa de desmame em 25 pontos a médio prazo. Manter uma taxa de lotação aceitável com base nas estimativas efectuadas. Eliminar as vacas e os touros não produtivos a curto e médio prazo.

68

É necessário consegui-lo para melhorar os critérios de competitividade, que, em última análise, são os objectivos procurados pelos produtores com a participação de outros actores da cadeia ou de actores externos. É o caso de novos mercados-alvo, instituições que fornecem subsídios, crédito, etc.

Calendário dos critérios de competitividade e respectivos indicadores.

Os critérios estabelecidos para a competitividade estão dispostos na tabela acima sobre a lista de tecnologias: curto prazo (um ano), médio prazo (2 a 3 anos) e longo prazo (mais de três anos). Os produtores estão cientes dessa temporalidade, pois será necessário primeiro buscar parcerias e paralelamente o trabalho de implantação de inovações tecnológicas, principalmente as de menor custo e alto impacto para começar a ver resultados.

A evolução e o alcance dos impactos serão dados a conhecer no final do serviço, quando estiverem disponíveis os resultados, uns parciais e outros finais, obtidos com a informação obtida no terreno junto dos produtores e técnicos.

Calendário das inovações e respectivos indicadores

Uma vez estabelecidos os critérios de competitividade, as inovações identificadas foram retomadas para estabelecer o tempo necessário para a sua incorporação e na esperança de conseguir a adoção total do processo de trabalho que envolve as inovações correspondentes, bem como a identificação dos indicadores, que em devido tempo serão estabelecidos pelos técnicos dos seus serviços, o que permitirá verificar os progressos realizados.

CAPÍTULO V

AGENDA BOVINOS CARNE - CHIHUAHUA, CHIHUAHUA

O GEIT Chihuahua foi oficialmente constituído em 17 de junho de 2016, composto por actores das cadeias consideradas prioritárias a nível territorial, que incluem o gado leiteiro, o gado de carne, os suínos, os cereais e as hortas caseiras.

Nesta ocasião, é apresentada a Agenda de Inovação da Cadeia Produtiva da Bovinocultura de Corte, que é o resultado do trabalho reflexivo e analítico dentro dos Grupos Territoriais de Extensão e Inovação (GEIT), que são grupos formados fundamentalmente por extensionistas e atores da cadeia, envolvidos nos processos de produção, gestão pós-colheita, coleta, processamento/transformação e comercialização dos Sistemas de Produtos ou Cadeias de Valor prioritários no território.

Dentro da composição do GEIT Chihuahua existem 22 extensionistas que prestam serviços a grupos de 30 produtores das diferentes cadeias produtivas, sendo que os serviços dirigidos ao gado de corte representam 45% do total de serviços dentro do território com participação no Componente Extensionismo, considerando que, dentro das actividades pecuárias do território, a atividade do gado de carne contribui com uma repercussão económica de $154.152 mil pesos, ligeiramente inferior à contribuição do gado de leite nos municípios abrangidos pelo território (informação baseada nos dados do Programa Sectorial 2010-2016 do Governo do Estado de Chihuahua).

Para além do exposto, é importante referir que, de acordo com as análises efectuadas no âmbito do GEIT, outra percentagem importante dos serviços está diretamente relacionada com a atividade pecuária de carne e corresponde aos produtores de cereais e forragens de base, que constituem uma atividade complementar para os criadores de gado alimentarem o seu gado, A situação atual que prevalece em todo o Estado em termos de deterioração das pastagens, que se manifesta na baixa cobertura vegetal, reduzida diversidade de espécies forrageiras e grandes áreas com solo nu, tendo em muitos casos, produção de forragem utilizável inferior a 100 kg por hectare (Governo do Estado, 2014).

É também importante referir que o suporte metodológico para a construção da Agenda de Inovação deriva fundamentalmente da Norma de Competência EC0818 (anteriormente EC0489) "Facilitação de processos de inovação para melhoria competitiva com indivíduos, grupos sociais e organizações económicas", Portanto, o presente documento é o resultado da Escola de Workshop para a construção da Agenda de Inovação e subsequentes eventos de formação relacionados com a identificação de inovações, a conceção e implementação da estratégia de gestão da inovação e a avaliação dos resultados e impactos dos processos de inovação de melhoria competitiva no território.

Quadro 32. Lista dos membros do ITLG envolvidos na análise da cadeia

Cadeia	Não.	Nome	Função na cadeia
GRÃOS	1	BALLESTEROS GONZALEZ ADRIAN ALBERTO	EXTENSIONISTA
PÁSSAROS		CRISTINA LETICIA TERRAZAS ESTRADA	EXTENSIONISTA
GRÃOS		DE LA PENA MORALES JOSE CRUZ	EXTENSIONISTA
GRÃOS		DE LA ROSA LOPEZ OSCAR DANIEL	EXTENSIONISTA
CARNE DE	5	EMILIANO LOZANO JESUS	EXTENSIONISTA

BOVINO		CAMILO	
PÁSSAROS		GARCIA FLORES LUIS RAUL	EXTENSIONISTA
GADO LEITEIRO		GARCIA RODRIGUEZ NANCY ALEJANDRA	EXTENSIONISTA
CARNE DE BOVINO	8	GUTIERREZ RONQUILLO ESTEBAN	EXTENSIONISTA
CARNE DE BOVINO		HERNANDEZ VILLARREAL RAUL	EXTENSIONISTA
GADO LEITEIRO	10	JURADO GUERRA JESUS ARNULFO	EXTENSIONISTA
CARNE DE BOVINO		MARIN TREVINO GILBERTO	EXTENSIONISTA
JARDINS FAMILIARES		MARTINEZ RAMOS RODRIGO SERGIO MARTINEZ RAMOS RODRIGO SERGIO	EXTENSIONISTA
CARNE DE BOVINO		ORTEGA OCHOA CARLOS	EXTENSIONISTA
PORCOS		RAMIREZ SALAZU IGNACIO	EXTENSIONISTA
PORCOS		RAMIREZ SALAZU JESUS JOSE	EXTENSIONISTA
JARDINS FAMILIARES		RODRIGUEZ CASTILLO LINA ALEJANDRA	EXTENSIONISTA
CARNE DE BOVINO		ROMANO LOYA SANDRA LUCIA	EXTENSIONISTA
CARNE DE BOVINO	18	SAENZ FLORES EDITH	EXTENSIONISTA
CARNE DE BOVINO		SANDOVAL GARCIA RAMON EDUARDO	EXTENSIONISTA
GADO LEITEIRO		EDUARDO SANTILLAN MORENO	EXTENSIONISTA
CARNE DE BOVINO	21	SIGALA ALANIS ALFONSO	EXTENSIONISTA
GADO LEITEIRO		TERAN LOPEZ JAVIER ADRIAN	EXTENSIONISTA
CARNE DE BOVINO	23	VARELA AMAYA DALIANA	EXTENSIONISTA
JARDINS FAMILIARES		VENEGAS BELTRAN ANA GUADALUPE	EXTENSIONISTA
INTITUIÇÕES		FLORES SALCIDO ROSA ESTELA	FORMADOR INCA RURAL
INTITUIÇÕES	35	LEVARIO QUEZADA MARIO A.	SDR GOB. DO ESTADO
INTITUIÇÕES		ADAME PANDO JAIME	SDR GOB. DO ESTADO
INTITUIÇÕES		FELIX VERDUGO OMAR	APOIO TÉCNICO DO INIFAP
INSTITUIÇÕES		**SANTILLAN ESTRADA DAVID**	**CEIR NORTHWEST TRAINER**

*Extensionista de co-investimento, extensionista do PIIEX, produtor primário, coletor,

transformador, funcionário público (neste caso, nome da instituição e cargo), outro
Fonte. Elaboração própria, trabalho de campo 2016.

Mapa funcional da cadeia (ligações, actores e funções). Descrição geral do funcionamento da cadeia e dos actores.

Na construção da cadeia de valor, os participantes da Escola Oficina, através de técnicas didácticas como o brainstorming e as mesas de trabalho, geraram informação inicial em torno das questões ^Quem somos? O que é que vendemos atualmente no mercado? Para quem vendemos?, obtendo os seguintes resultados.

O Elo de Produtores do Distrito de Chihuahua é representado por um grupo informal de pequenos produtores que participam do Componente Extensionismo do Programa de Apoio aos Pequenos Produtores operado pela SAGARPA, pequenos produtores de gado de corte, predominantemente comunais do tipo ejido, com direitos de pastagem e parcelas, sendo a atividade predominante a criação de bezerros para venda ao pé, em um sistema extensivo baseado em pastagens naturais.

O principal produto à venda são bezerros ao desmame com peso médio de 150 a 250 kg, geneticamente derivados de cruzamentos de Angus e Charolês; vacinados, identificados com marca auricular e ferro, oferecidos principalmente a pequenos compradores locais, que podem ser pessoas físicas ou jurídicas, que recolhem de vários produtores e reúnem lotes para vender no mercado de exportação para os Estados Unidos da América; em alguns casos, já existem experiências de grupos de produtores que exportam diretamente e que fazem parte do GEIT. A forma de pagamento é em dinheiro no momento da venda e ao preço de compra por quilograma de vitelo, de acordo com o peso do vitelo. Além disso, os animais de descarte ou improdutivos são comercializados regionalmente, tanto com compradores locais como nos leilões das Uniões Regionais de Pecuária do Estado de Chihuahua.

O mercado atual para este grupo de produtores pode ser dividido da seguinte forma: Recolhedores locais/regionais, leilões regionais e mercado de exportação para os EUA, embora este último só seja atualmente utilizado por um grupo minoritário de produtores que participam no GEIT.

Neste mesmo sentido, os produtores identificaram o elo em que estão a influenciar, que até à data corresponde sobretudo ao segundo elo da cadeia, comentando que nos restantes elos o seu nível de intervenção é praticamente nulo.

**Figura 7 e 8: Mapa de construção da cadeia de valor da carne de bovino com os diferentes actores
da cadeia que participam no GEIT Chihuahua.**

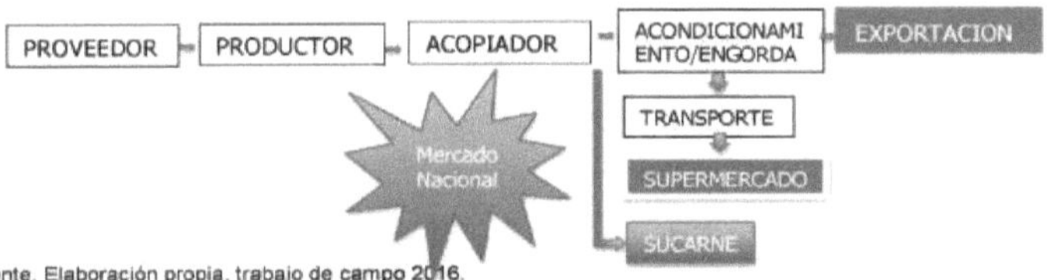

Fuente. Elaboración propia, trabajo de campo 2016.

Figura 9. Esquema da cadeia de valor da carne bovina no Estado de Chihuahua.

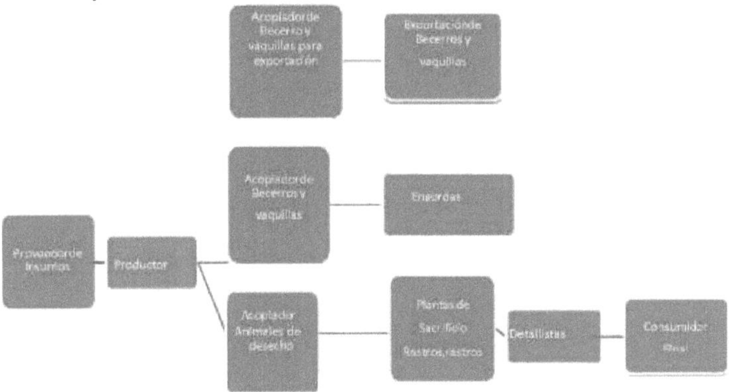

Fonte. Trabalho de campo de 2016.

Continuando com a análise da cadeia de valor da carne de bovino, a fase seguinte consistiu em trabalhar na caraterização da cadeia, para a qual os resultados obtidos são apresentados no quadro seguinte.

Figura 10: Caracterização da cadeia de valor do gado bovino no Estado de Chihuahua.

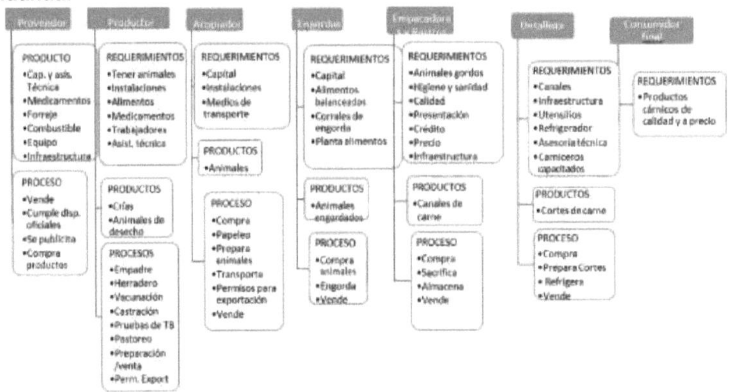

Fonte. Elaboração própria, trabalho de campo 2016.

Características do território:

O Distrito de Desenvolvimento Rural de Chihuahua abrange territorialmente os municípios de Chihuahua, Aldama, Aquiles Serdan, Satevo e Santa Isabel. Tem uma população rural de 24 809 habitantes e, de acordo com a CONAPO, 2005, o nível médio de marginalização nesta região é médio.

Em termos de níveis de pobreza nesta região, 8,6% da população tem pobreza

73

alimentar, 13,3% tem pobreza de capacidade, 32,5% tem pobreza patrimonial, de acordo com dados do CONEVAL 2005.

Ocupa uma superfície territorial de 2,29 milhões de hectares. A principal utilização do solo é a pecuária (84% da superfície total), seguida da silvicultura (7,3%) e da agricultura (6,8%).

O clima é semi-árido extremo com uma temperatura anual que varia entre uma máxima de 44 e uma mínima de 12° Celsius. A precipitação média anual varia geralmente entre 350 e 497 mm, com exceção de Aldama, que regista apenas 305 mm.

Em termos de produção agrícola, o sector agrícola tem uma superfície total de 59.980 hectares (59% de sequeiro). Na agricultura de sequeiro, existe uma área de 35.348 hectares, maioritariamente de culturas forrageiras, bem como de cereais. O sorgo e o feijão são as culturas que ocupam a maior área com 12,7 mil e 9,5 mil hectares, respetivamente (Tabelas 2 e 3).

No regime de regadio existem mais de 24,6 mil hectares. Cerca de 27,6 mil hectares são dedicados à produção de culturas forrageiras como a luzerna e a aveia para feno, mil hectares a árvores de fruto (98% de nogueiras).

Quadro 33 e 34 - Informações sobre as principais culturas, por produção e superfície.

Cultivo	Produção (tonelada)	Valor da produção (milhares de pesos)
Algodão	24,712	248,251
Noz	2,415	144,900
Feijão	5,403	35,122
Milho em grão	8,765	27,175
Sorgo forrageiro	30,815	24,652

Cultivo	Área semeada (ha)	Área colhida (ha)
Sorgo forrageiro	13,666	13,666
Algodão	12,698	12,698
Feijão	10,534	10,476
Milho forrageiro	8,328	8,328
Noz	6,383	3,658

Fonte: Programa Sectorial 2010-2016, Governo do Estado de Chihuahua, com dados do SIAP, SAGARPA.

A Tabela 4 apresenta informações sobre a produção pecuária ao nível do Distrito de Chihuahua, destacando o valor da produção de gado bovino, com valores de produção superiores aos das restantes espécies.

Tabela 35. Produção, preço, valor, animais abatidos e peso, Distrito de Chihuahua, Estado de Chihuahua, 2015.

Produto/Espécie	Produção (toneladas)	Preço (pesos por quilograma)	Valor da produção (milhares de pesos)	Animais abatidos (cabeças)	Peso (quilogramas)
GADO	6,556	34.2	224,198		
SUÍNOS	546	21.26	11,612		93
OVINOS		28.3	11,317		
GOAT	88	17.65	1,561		

SUBTOTAL	7,590		248,688		
AVE E PERU EM PÉ					
AVE	2,966	19.77	58,637		**2.045**
PEBRAS					
SUBTOTAL	2,966		58,637		
TOTAL			307,325		
CARNE EM CARCAÇA					
GADO	3,285	70.99	233,208	16,396	**200**
SUÍNOS	432	41.07	17,747	5,905	
OVINOS	200	58.09	11,621	10,517	
GOAT		36.79	1,628	2,431	**18**
AVE	2,375	25.85	61,381	1,450,288	**1.637**
PEBRAS					
SUBTOTAL	6,336		325,585		
LEITE					
GADO	32,351	5.81	187,936		
GOAT	445	5.15	2,291		
SUBTOTAL	32,796		190,228		
OUTROS PRODUTOS					
OVO PARA PLATO	2,247	22.45	50,443		
MEL	53.086	46.59	2,473		
CERA EM GRENÁ					
LÃ SUJA					
SUBTOTAL			52,917		
TOTAL			**568,729**		

Fonte. Elaboração própria, trabalho de campo 2016.

Aves de capoeira: Refere-se a galinhas, leves e pesadas, que terminaram o seu ciclo produtivo. Leite: Produção em milhares de litros e preço em pesos por litro.

Os subtotais e o total podem não corresponder devido a arredondamentos. O valor total não inclui o valor em pé, uma vez que este está incluído no valor da produção de carne.

Fonte: Serviço de Informação Agroalimentar e Pescas (SIAP).

Mercado-alvo atual ou potencial dos produtores que são objeto da atenção do CEIP.

O mercado-alvo identificado foi o mercado de exportação para os Estados Unidos da América,

Através do posto fronteiriço de San Jerónimo-Santa Teresa, situado no município de Juarez, Estado de Chihuahua e do lado dos EUA, o posto fronteiriço de Santa Teresa está localizado a 42 milhas a sul da segunda maior cidade do Novo México, Las Cruces, e a 20 minutos do centro histórico de El Paso, Texas.

Esse esquema de comercialização vem sendo promovido nos últimos anos pela Secretaria de Desenvolvimento Rural do Governo do Estado e é considerado uma inovação comercial que, segundo vários comentários nas mesas de trabalho, gera diferenças substanciais nos lucros por kg de bezerro comercializado.

Diferenças entre o que os actores da cadeia oferecem e o que o mercado-alvo exige.

O processo de exportação de vitelos vivos para os Estados Unidos da América envolve uma série de actividades que requerem apoio técnico em termos de procedimentos e regulamentos sanitários do gado que têm a ver com aspectos físicos e de apresentação, bem como medidas e práticas de saúde e segurança que garantam o cumprimento do estatuto sanitário obtido para todos os produtores do estado de Chihuahua. A título enunciativo, podemos destacar os seguintes pontos:

• Inscrição no registo dos exportadores.

Trata-se de um procedimento simples e rápido em que se dirige à UGRCH para registar a propriedade a partir da qual o gado vai ser exportado, onde será validado principalmente se está numa zona limpa (Zona A) ou numa zona suja (Zona B), serão solicitados os seguintes dados: nome da propriedade, nome do exportador e o principal, que é a localização, e uma vez registada, quando a validação dos dados estiver concluída, assina como responsável.

• Castração.

Os vitelos ou novilhas devem ser castrados; no caso das novilhas, deve ser um médico autorizado, com a presença de um monitor designado pela SAGARPA, responsável pela correcta castração das fêmeas.

No caso dos machos é aconselhável castrar antes do teste de mobilização, no caso das fêmeas seria o contrário porque se houver um provável problema de tuberculose o gado é marcado com o ferro de ferradura CN (consumo nacional) e uma vez castrada a fêmea não serve como reprodutora e com o ferro de consumo nacional não é exportável.

As cadelas podem ser exportadas 15 dias após a esterilização, corretamente esterilizadas e com o brinco azul que certifica que foram esterilizadas. Trata-se de uma decisão pessoal.

• Teste de tuberculose para a circulação e exportação.

Esta etapa é importante para a exportação de gado, uma vez que sem ela não é possível efetuar a deslocação do gado até à fronteira e é aqui que devem ser feitos os pormenores que o USDA (Departamento de Agricultura dos Estados Unidos) verificará no momento da passagem.

Este teste será efectuado na exploração inscrita no registo dos exportadores por um veterinário habilitado, de preferência o veterinário de eleição.

O médico aplicará um brinco de ferro azul após o teste ter sido realizado corretamente. Se houver um reator, após 72 horas, o brinco de metal azul será retirado do animal reator e este será marcado com o ferro de ferrador CN para realizar um teste comparativo duplo mais tarde.

Após a realização do teste, o veterinário fará um relatório do rebanho testado; fará uma série de folhas vulgarmente conhecidas como 20-20 onde os animais que estão registados no teste de exportação são numerados de 20 em 20 com um registo detalhado da sua origem, nome do produtor, ferro do ferrador do produtor, brinco SINIGA que está relacionado com o brinco de metal azul que o veterinário aplicou ao realizar o teste de exportação.

• Aprovação da Resena pelo Governo do Estado.

Esta parte é criticada por muitas pessoas, mas é uma forma correcta de evitar o roubo de gado e de manter um controlo sanitário do gado. Este documento é enviado pelo médico que efectuou o teste de exportação.

Isto será verificado:

1. Sobre os recenseamentos
2. Validações do ferro
3. Provas actuais
4. Registos das mães dos animais a exportar

• Marcações M e MX.

Uma vez que a resina tenha sido aprovada pelo governo estadual, é possível cumprir outra exigência do USDA, que é a de que os animais devem ser marcados com um M no caso dos machos e MX no caso das fêmeas.

• Processamento e pagamento na Union Ganadera Regional de Chihuahua (UGRCH.).

Aqui terá alguns requisitos importantes, pelo que se recomenda que venha 8 dias antes de querer enviar o gado para a fronteira.

1. A seleção da data de expedição e o cruzamento onde é solicitado o nome do exportador e dados fiscais como o RFC.

2. O pagamento do processo de exportação é efectuado a um custo de 460$ pesos por teste de efetivo.

3. Um responsável dirige-se ao balcão de receção para verificar, pela segunda vez, se o nome do exportador está correto, se a assinatura do médico veterinário no teste do efetivo está correcta e se o teste do efetivo está corretamente aprovado pelo Governo do Estado.

4. Uma vez aprovado pela UGRCH, é enviado para a SAGARPA onde é revisto em pormenor.

5. Uma vez aprovado, é devolvido à UGRCH e enviado para a fronteira com aviso prévio ao exportador.

• Uma vez aprovado e enviado para a fronteira:

Para comprovar legalmente que o gado que se desloca é seu e não tem problemas legais, é necessário processar um salvo-conduto REEMO (Registro Eletrónico de la Movilizacion), que é entregue na fronteira desejada, neste caso San Gerónimo, Palomas ou na fronteira de Ojinaga, todos os animais devem aparecer no sistema da UPP ou PSG onde foi realizado o teste de exportação.

• Quando tudo estiver pronto, a expedição pode ser feita e o processo de inspeção física do gado e o processo administrativo e o contacto com o comprador ou o agente aduaneiro podem seguir-se.

Problemas que impedem a satisfação das necessidades do mercado-alvo atual ou potencial.

Após a caraterização da cadeia de valor, foi realizada uma atividade com o objetivo de identificar os problemas da cadeia, da qual se obtiveram os seguintes resultados:

Ligação do fornecedor

Os elevados custos dos ingredientes para a transformação dos concentrados de alimentos para animais têm um forte impacto nos custos de produção dos suplementos nas unidades de produção.

Em Chihuahua, a produção de forragens, principalmente luzerna e aveia, é monopolizada pelas explorações leiteiras do Estado (Delicias e Cuauhtemoc) e da região lagunar, o que se repercute no elevado custo destes factores de produção para a produção de carne das pequenas e médias empresas pecuárias.

Ligação do produtor

O efetivo pecuário do Estado de Chihuahua é propício ao sistema de pastoreio extensivo. Este consiste na utilização de grandes extensões de pastagens, no investimento em gado, em factores de produção reduzidos, em capital fixo reduzido e em mão de obra mínima. O seu crescimento e rentabilidade baseiam-se na extensão da área de pastagem. No entanto, a contínua fragmentação das unidades de produção tem impactos negativos no sistema de produção em aspectos como:

a. Deterioração dos recursos forrageiros da pastagem, resultando numa disponibilidade deficiente de forragens naturais, principalmente de espécies desejáveis, e numa utilização ineficiente dos recursos da pastagem.

b. Uma sobrecarga de animais, especialmente em explorações comunitárias ou comunais, que leva a deficiências nutricionais nos animais e, portanto, a um fraco desempenho reprodutivo em termos de percentagens de parto e desmame. Como resultado, existe um grande número de animais improdutivos que têm um impacto na rentabilidade das explorações pecuárias.

c.   Para além dos factores supracitados, na maioria das pequenas explorações existe uma má distribuição da água e do gado devido à falta de infra-estruturas que permitam estabelecer cercados e bebedouros naturais ou bebedouros de forma racional.

d.   Outros factores que influenciam a competitividade das unidades de produção são: fraca organização dos produtores para a comercialização; falta de conhecimento dos requisitos para a mobilização e exportação de gado (tuberculose, carraças, outras doenças); fraco acesso ao crédito para aumentar a sua atividade produtiva; a maioria dos produtores não tem conhecimento do nível de produção e da rentabilidade das suas explorações, porque não mantêm registos de produção e contabilidade.

e.   O produtor perde por não investir em animais geneticamente melhorados; pela falta de uniformidade dos bezerros para exportação e, em alguns anos, por grandes perdas devido à presença de plantas tóxicas, reflexo do uso inadequado do pasto.

Ligação para coleccionadores.

Atualmente, desempenham um papel importante na cadeia, sobretudo porque permitem escoar a produção de vitelos dos pequenos agricultores. Eles detêm o capital e fixam os preços do gado. Os produtores que se encontram mais afastados dos centros urbanos e da recolha de gado para exportação são os que mais sofrem com o preço que recebem pela venda dos vitelos aos colectores, razão pela qual se diz que são um mal necessário. medida que os produtores se organizam para a venda, o papel dos criadores ou introdutores torna-se menos importante. O risco financeiro é menor, embora este ano, com a volatilidade dos preços do gado, muitos introdutores tenham sofrido perdas consideráveis.

Ligações para engorda e abate de bovinos

Dado que o Estado de Chihuahua é, há mais de cem anos, um importante produtor de vitelos para exportação, esta relação está pouco desenvolvida e apenas produz carne para consumo local. A infraestrutura de matadouros e instalações de abate é limitada.

O estado de Chihuahua possui um enorme potencial de engorda para a produção de carne bovina, tendo como principais vantagens o sistema de produção extensivo, o bom estoque de animais, a qualidade genética, o bom status sanitário, a disponibilidade de grãos e forragens, além de importantes oportunidades comerciais a nível nacional e internacional. A principal limitação para desenvolver essas ligações é a infraestrutura para engorda e abate e, recentemente, há desânimo porque o preço pago pelos bezerros de exportação atingiu um nível nunca antes visto (até US$ 100,00 por kg de carne viva). Outro aspeto a considerar é a falta de incentivos e interesse dos investidores para desenvolver esta atividade.

Tabela 36. Identificação e análise dos problemas associados às dificuldades de atendimento ao mercado-alvo e os ligados às fases do processo de trabalho a serem melhoradas.

O QUE ESTÁ A SER FEITO ACTUALMENTE?	O QUE É NECESSÁRIO FAZER PARA SERVIR O MERCADO-ALVO?	FASES DO PROCESSO DE TRABALHO A MELHORAR
Reprodução baseada no acasalamento natural sem controlo do acasalamento.	Dispor de lotes de tamanho adequado para venda, produzidos nas datas em que os preços são mais favoráveis.	Gestão da reprodução (acasalamento, relação vaca/bezerro)
Garanhões de baixa qualidade	Garanhões registados	Gestão de apoio e serviços adicionais (Organização)
Alimentação predominantemente em pastagens (julho a fevereiro) e, quando as forragens se esgotam, o gado é concentrado em currais (março a junho) e alimentado com sementes de algodão e resíduos de culturas.	Alimentação e suplementação por condição fisiológica para ter bezerros com melhor peso ao desmame e peso de mercado.	Nutrição e gestão do efetivo
Má distribuição dos bebedouros e	Abastecimento de água em qualidade e	Bem-estar dos animais e sistema de

ausência de controlo da qualidade da água.	quantidade	gestão dos efectivos
Vacinação e desparasitação duas vezes por ano.	Oferecer gado castrado e descornado, livre de parasitas e doenças.	Saúde (prevenção e controlo de parasitas e doenças)
Rastreio e teste da tuberculose e da bruxela; uma vez por ano	Acompanhamento e controlo individual e do efetivo, especialmente dos animais destinados à comercialização.	Registos produtivos e administrativos (relatórios às instituições de controlo)
Não existe qualquer controlo ou acompanhamento das vacas prenhes e desconhece-se o estado físico e de fertilidade do reprodutor.	Controlos da gestação e condições reprodutivas para aumentar os parâmetros reprodutivos, aumentar o volume de vendas e melhorar as condições das vacas.	Gestão reprodutiva Inseminação e sincronização
Não existe uma rotação programada dos piquetes, com problemas de sobrepastoreio e sobrecarga de animais por unidade de superfície.	Programa de maneio das pastagens para obter animais com boas condições fisiológicas e físicas a baixo custo.	Sistema de gestão do gado nas pastagens Reabilitação das pastagens Normas ambientais
O desmame das cnas tem lugar ao longo de todo o ano.	Desmame com prazo determinado	Maneio dos vitelos ao desmame (suplementação, sazonalidade)
Vitelos de 150 kg para venda, cada produtor individualmente a armazenistas locais.	Bezerros com um peso de 160 a 200 kg, em lotes uniformes e suficientes para reduzir os custos de transporte na fronteira.	Programa de pré-condicionamento de vitelos de organização para comercialização.
O QUE ESTÁ A SER FEITO ACTUALMENTE?	**O QUE É NECESSÁRIO FAZER PARA SERVIR O MERCADO-ALVO?**	**FASES DO PROCESSO DE TRABALHO A MELHORAR**
Informação deficiente sobre os mercados, os preços e as condições de mercado	Sistema de informação de mercado com informações para a tomada de decisões	Mercado (informações e estudos de mercado) Organização e Associações

Fonte. Elaboração própria, trabalho de campo 2016.

Fonte. Elaboração própria, trabalho de campo 2016.

Oportunidades no ambiente que são viáveis de aproveitar.

A nível nacional, a política para o sector favorece o apoio aos pequenos produtores, tanto em termos de assistência técnica como de apoio e serviços à produção e à comercialização.

Por sua vez, o Governo do Estado, através da Secretaria de Desenvolvimento Rural e da Comissão do Sistema de Produtos Bovinos de Corte, tem vindo a conceber esquemas de comercialização em que a Secretaria funciona como elo de ligação entre os produtores e as empresas comercializadoras ou, neste caso, através da UGRCH, para promover uma maior participação direta do produtor no processo de exportação de vitelos vivos.

Por seu lado, a UGRCH, através dos seus representantes, salientou recentemente que a pecuária é o sector com maior percentagem do Produto Interno Bruto do sector primário e contribui, só na exportação de gado vivo para os EUA, com mais de 365 milhões de dólares. Atualmente, a União Pecuária Regional de Chihuahua conta com mais de 51 associações no estado, com mais de 8.000 membros.

A recuperação do status sanitário foi alcançada, o que aumenta o preço da carne de Chihuahua para os Estados Unidos e abre novos mercados em todo o mundo, graças a isso, o estado de Chihuahua faz a diferença em todo o país, porque enquanto em estados como Durango, o quilo de carne bovina varia entre 45 pesos, na entidade chega a 93 pesos.

Quadro 37. Inovações identificadas para ultrapassar problemas ou tirar partido de oportunidades

Problema ou oportunidade	Prioridade d de atenção	Inovação	Tipo de inovação			
			Produto	Processo	Marketing	De organizaçã

						o
Baixas taxas de produção	Curto prazo	Monda controlada		X		
Baixa qualidade e baixa quantidade de forragem de pastagem	Curto e médio prazo	Sistema de Rotação dos piquetes; Adaptação progressiva do fator de densidade; Diagnóstico do estado das pastagens; Produção e suplementação de forragens.		X		
Má gestão sanitária dos efectivos, sem planeamento	Curto prazo	Programa de saúde		X		
Falta de controlos e testes de TB e Bruxelas	Curto prazo	Registos de produção		**X**		
Não há gestão reprodutiva, nem controlo e acompanhamento da reprodução e da gestação.	Curto e médio prazo	Avaliação do garanhão; diagnóstico de gravidez; acasalamento controlado; Reprodução de plantas		X		
Sobrepastoreio	Curto e médio prazo	Suplementação estratégica; Avaliação do estado das pastagens; Ajuste da taxa de lotação; Divisão dos piquetes; Reabilitação de Agostaderos.		X		
Desmame de cnas ao longo do ano	Médio e longo prazo	Desmame precoce; pré-condicionamento dos vitelos	X	X		
Vendas numa base individual, com um número	Curto e médio prazo	Vendas no mercado de exportação;			X	X

<table>
<tr><td>reduzido de animais e com comerciantes locais.</td><td>Organização de produtores; Financiamento e apoio institucional.</td><td></td></tr>
</table>

Fonte. Elaboração própria, trabalho de campo 2016.

Tabela 38. Resultados esperados da adoção de inovações

Resultados esperados	Indicadores	Unidade de medida	Linha de base	Objetivo	Tempo para a realização do objetivo
Melhoria das taxas de produção	Produtores que efectuam reprodução controlada	Número			
Redução do encabeçamento	Cabeças de gado por unidade de superfície	Cb/Ha			
	Número de produtores que tomam suplementos	Número			
Conceção e funcionamento do Programa de Gestão Sanitária	Práticas de gestão sanitária	Número			
Sistema de registos produtivos	Produtores que gerem registos de produção	Número			
Programa de gestão reprodutiva em movimento	UPPs que avaliam garanhões	Número			
	UPPs que realizam diagnóstico gestacional	Número			
	UPP que efectuam reprodução controlada	Número			
Diagnóstico do estado dos prados	Diagnóstico elaborado	Documento			
Produção de vitelos mais pesados	Peso dos vitelos para venda	Kg			
Produtores organizados	Produtores que comercializam em grupo	Número			
	Vendas no mercado de	Número			

exportação
Crédito na calha
Fonte. Elaboração própria, trabalho de campo 2016.

Tabela 39. Investimentos necessários para a implementação das inovações prioritárias

Prioridade de atenção	inovação. Tipo de inovação na atenção	investimento ou ação. que exige a sua atividade	Serviços de extensão necessários Kpo^EantFdaM	Montante aproximado dos investimentos
Curto prazo	Monda controlada	Do processo	Gestão de garanhões	ATC
Curto e médio prazo	Sistema de rotação de pastos; Ajuste progressivo da taxa de lotação; Diagnóstico do estado das pastagens; Produção e suplementação de forragem.	Do processo	Instalação de divisões de paddock; Equipamento de diagnóstico; Produção e/ou compra de forragens e concentrados; Produção e/ou compra de forragens e concentrados.	AT C
Curto prazo	Programa de saúde	Do processo	Vacinas e medicamentos	
Curto prazo	Registos de produção	Do processo	Livros de registo	
Curto e médio prazo	Avaliação de garanhões; Diagnóstico de gestação; Acasalamento controlado	Do processo	Equipa de avaliação e diagnóstico	
Curto e médio prazo	Suplementação estratégica; Avaliação do estado das pastagens; Ajuste da taxa de lotação; Divisão dos piquetes.	Do processo	Alimentos complementares para animais; Equipamento e material de campo; Vedações para tanques de piscicultura	
Médio e longo prazo	Desmame precoce; pré-condicionamento dos vitelos	Produto	Forragens e concentrados	
Curto e médio	Vendas no mercado de	Marketing; De	Taxas de manuseamento,	

prazo	exportação; Organização dos produtores; Financiamento e apoio institucional.	Organização	frete, seguro e despesas de venda

Fonte. Elaboração própria, trabalho de campo 2016.

Acções de formação para o desenvolvimento das capacidades necessárias à implementação de inovações.

Na análise das inovações a serem implementadas, será necessário realizar uma deteção das necessidades de capacitação metodológica e técnica, de acordo com o perfil dos extensionistas, programando eventos de capacitação presencial, visitas tecnológicas e eventos demonstrativos, com o apoio das instituições envolvidas no Componente, além da participação de extensionistas com conhecimento e experiência no tema a ser abordado.

Tabela 40. Actores envolvidos na concretização da implementação de inovações

Ator	Âmbito de ação	Interesses	Recursos que disponibiliza	Problemas que dificultam a sua colaboração	Postura em relação ao processo	Nível do seu cargo
Produtor	Na UPP e nas reuniões do GEIT	Melhoria das receitas	Clima, instalações, efetivo pecuário	Múltiplas ocupações, mas será procurado um acordo inicial sobre as responsabilidades e os compromissos.	Participação ativa	Elevado empenhamento
Extensionista	Em actividades de sensibilização e em reuniões e acções de formação do GEIT	Cumprir o programa de trabalho	Conhecimento, tempo e trabalho	Atraso no suporte de componentes	Abertura total e Motivador	Elevado Empenho e vocação para serviço
SAGARPA/Governo do Estado.	Operador Normativo e Componente	Executar de acordo com as regras de funcionamento	Financeiro e administrativo (pessoal, controlo e acompanhamento)	Recursos limitados, nível de envolvimento	Utilização eficiente dos recursos	Em conformidade com as directrizes institucionais

		Apoio técnico à execução do programa de trabalho	Formadores, apoio logístico aos eventos	Política institucional, disponibilida de de recursos	Apoio total e mútuo	Elevado empenham ento social
INIFAP	Formação técnica e Acompanha mento					
INCA rural	Apoio metodológico	Uma base metodológ ica sólida para a ação	Pessoal, experiência, acompanham ento	Nível de envolvimento de outras partes interessadas	Lidera o processo	Elevado empenham ento
CEIR	Apoio ao acompanha mento e à formação metodológica	Realizaçã o dos resultados da componen te; formação dos extensioni stas e dos actores	Pessoal, conheciment os e experiência	Clareza no esquema operacional e no calendário de ação	Ampla colabora ção e trabalho de equipa	Elevado empenham ento

É importante ter em conta que a implementação de uma agenda de Inovação para a melhoria competitiva de uma cadeia produtiva num determinado território implica a soma de vontades e esforços de vários actores, fundamentalmente os que fazem parte da cadeia, bem como extensionistas, investigadores, funcionários e instituições de apoio e outros que podem contribuir com apoio ad hoc para tornar as inovações uma realidade.

CAPÍTULO VI

AGENDA BOVINOS LECHE - DELICIAS, CHIHUAHUA

O sector leiteiro da espécie bovina na região centro-sul do Estado de Chihuahua é contrastante, uma vez que há produtores com gado em estábulos altamente tecnificados e em constante crescimento e, por outro lado, há um grande número de pequenos produtores que enfrentam um número reduzido de gado por unidade de produção, compradores e fornecedores de serviços básicos de produção, com rentabilidade baixa ou duvidosa.

O estado de Chihuahua ocupa o quarto lugar no ranking nacional de produção de leite, contribuindo com 1.034,2 milhões de litros de leite bovino em 2015, nove por cento do que o sector gera em todo o país, segundo dados do Serviço de Informação Agroalimentar e das Pescas (SIAP).

A agência ligada ao Ministério da Agricultura, Pecuária, Desenvolvimento Rural, Pesca e Alimentação, detalha que, de janeiro a junho de 2016, a produção de leite no estado de Chihuahua foi de 509 milhões 696 mil litros, em números fechados.

O inventário do gado leiteiro é constituído por 278 620 cabeças, distribuídas pelas regiões de Delicias, Cuauhtemoc, Juarez, Casas Grandes, Parral, Guerrero, Chihuahua e Ojinaga.

De acordo com o Perfil Estrategico y Directorio Agroindustrial 2015, elaborado pela Secretaria de Estado da Economia, a produção de leite em Chihuahua ocorre em seis bacias bem definidas: Delicias, Cuauhtemoc, Juarez, Casas Grandes, Chihuahua e Parral. A bacia de Delicias é a mais importante, sendo responsável por cerca de 46% da produção de leite do Estado.

Com dados de 2014, indica que, dos 1.007 milhões de litros registados na entidade, Delicias contribuiu com 461 milhões 226 mil em números fechados e é seguida em volume por Cuauhtemoc com 263 milhões 879 mil e Juarez com 79 milhões 637 mil.

A bacia leiteira de Casas Grandes contribuiu com 64 milhões 375 mil litros em 2014, seguida de Parral com 58 milhões 584, Guerrero com 46 milhões 264 mil, Chihuahua 33 milhões 225 mil e Ojinaga com 155 mil litros.

O volume da produção de leite aumentou 28,6 por cento entre 2004 e 2015, passando de 803 milhões e 728 mil litros em 2004 para 1.034,2 milhões de litros em 2015, segundo dados do SIAP.

De acordo com os dados do Serviço de Informação Agroalimentar e das Pescas, o valor bruto total da produção da indústria de lacticínios é de oito mil 055 milhões 724 mil pesos, mais 11 por cento do que em 2014, quando foi de mil 983 milhões 257 mil pesos.

Durante os últimos cinco anos (2004-2014), a indústria de laticínios em Chihuahua registou um crescimento de 8% no número de unidades económicas, de 76 para 115.

Regista ainda um crescimento de nove por cento no pessoal ao serviço, já que em 2004 empregava duas mil 587 pessoas e, no final de 2014, o número de colaboradores ascendia a três mil.

754. A indústria de lacticínios também reflecte um aumento de 19% na remuneração, de 193,5 milhões de pesos em 2004 para 437,6 milhões de pesos no final de 2014.

Dentro do Distrito de Desenvolvimento Rural de Delicias (013) estão imersos os diferentes sistemas de produtos, tanto agrícolas como pecuários e acrncolas. Cada um destes sistemas de produtos apresenta factores que limitam o seu crescimento, produtividade e competitividade. Estes factores podem ser agrupados em factores económicos, financeiros, tecnológicos, de mercado, organizacionais e de capacitação, para citar alguns.

O Grupo de Extensão e Inovação Territorial Delicias (GEIT Delicias) através de diferentes organismos governamentais dos três níveis, produtores do sector social, empresários, professores, extensionistas, INCA Rural e Centro de Extensão e Inovação Rural Noroeste. Os órgãos acima mencionados estão interessados em procurar aumentar a produtividade e a competitividade dos produtores de gado leiteiro do sector social sob um esquema de sustentabilidade, de mãos dadas com o desenvolvimento rural integrado. Este grupo busca a inserção de inovações de caráter tecnológico de baixo custo e alto impacto nas diferentes unidades de produção (UPP) neste sistema de produto dentro de um estrato tradicional, com o objetivo de melhorar a infraestrutura existente como as formas de produção com a estratégia de uso de informação e conhecimento para aproveitar as vantagens da ciência e tecnologia para apoiar a rentabilidade, competitividade e sustentabilidade do setor. O programa de apoio aos pequenos produtores visa apoiar a gestão técnica, económica e sanitária dos produtos derivados destas espécies que permitam uma inserção sustentável dos seus produtos no mercado.

As deficiências que existem neste sistema de produtos devem ser recuperadas e sistematizadas num documento, bem como as propostas de soluções voltadas para inovações tecnológicas com suas respectivas atividades, permitindo sua avaliação, mensuração e acompanhamento durante a vida útil do serviço. Este documento onde serão hierarquizadas as acções para atender aos problemas e necessidades de transferência de tecnologia já valorizados para o SP e temas estratégicos para o sector rural é denominado Agenda Inovações em Bovinos de Leite para a DDR Delícias. A agenda não só considera as necessidades a curto prazo, mas toma como referência o médio e longo prazo, considerando que a cada ano pode ser actualizada com base nas necessidades dos produtores dentro do território ou que tenham mudado as prioridades de atenção aos problemas actuais.

Para gerar a Agenda de Inovações Tecnológicas, participarão o Centro de Extensão e Inovação Rural - Facultad de Zootecnia y Ecolog^a, Universidad Autonoma de Chihuahua, SENACATRI INCA Rural en Chihuahua, INIFAP, Extensionistas, Produtores de Queijos dentro de cada Sistema de Produtos, Empresários da Indústria do Queijo, governos dos três níveis. A agenda abordará os diferentes mapeamentos da cadeia produtiva dos dois sistemas de produtos, os mercados-alvo actuais e potenciais, os processos de trabalho associados ao mercado-alvo, a identificação de inovações nos processos de trabalho para satisfazer as exigências do mercado-alvo e os indicadores previstos para a melhoria da competitividade a curto, médio e longo prazo.

CARACTERÍSTICAS DO TERRITÓRIO DA DDR DELICIAS

O Distrito de Desenvolvimento Rural 013 do Ministério da Agricultura, Pecuária, Desenvolvimento Rural, Pesca e Alimentação (SAGARPA) está localizado na região agrológica de Delicias, que inclui os municípios de Delicias, Camargo, Meoqui, Saucillo, Rosales, Julimes, La Cruz e San Francisco de Conchos, com uma extensão de 2,2 milhões de hectares (SAGARPA, 2002). Da superfície destinada à atividade agrícola, 30% são ejidos e o resto corresponde a pequenas propriedades, com uma superfície média de 6,3 a 10,5 hectares, respetivamente. Estima-se que o distrito de irrigação 05 tenha um pouco mais de 128.218 hectares utilizados para a agricultura. O quadro seguinte mostra a ocupação do solo no DDR Delicias.

Tabela 41. Utilização das terras em actividades agrícolas na DDR Delicias, Chihuahua.

Município	Agricultura (ha)			Pecuária	Silvicultura	Outra utilização	Total
	Irrigação	Temporário	Total				
Camargo	15,522	440	15,962	1,587,171	0	3,339	**1,606,472**
S F C* S	2,557	495	3,052	88,833	0	25,025	**116,910**

F C* S F C* S F C* S F C* S F C* S F C							
A Cruz	6,207	0	6,207	97,233	14,900	150	**103,590**
Saucillo	16,798	0	16,798	196,645	46,5500		350**213,793**
Delícias	32,659	0	32,659	3,100	0	2,600	**38,359**
Roseiras	18,581	0	18,581	188,429	0	2,614	**209,624**
Meoqui	18,946	0	28,946	19,644	0		886**49,476**
Julimes	6,949,	965	7,913	266,437	0	4,477	**278,827**
Total	**128,218**	**1,900**	**130,118**	**2,447,492**	**61,450**	**39,441**	**2,617,051**

*São Francisco de Conchos

Fonte: SAGARPA, 2002.

A área agrícola e o distrito de irrigação facilitaram a produção de forragens e grãos para dar sustentabilidade ao sistema de produção de gado leiteiro no território, principalmente em sistemas de produção estabulados e semi-estabulados.

Tratando-se de uma zona árida a semi-desértica, quase toda a agricultura da região é de regadio. A área de pastagem de gado bovino é pouco desenvolvida, com uma taxa de ocupação estimada em 23,4 hectares por unidade animal.

O quadro seguinte apresenta a utilização do solo associada às actividades primárias do território.

Tabela 42. Uso do solo associado às actividades primárias no território.

Espécies	Área utilizada	Total de produtores	% do total de produtores no território	Produtores de baixa escala económica	Geração de valor no nível primário (milhões de $)
NOGUEIRA	12,680	2,387	18.9909		**760.000**
ALFALFA	33,842	3,437	27.3	1272	**568.545**
CHILE VERDE	6,770	853	6.8381		**536.875**
CEBOLA	2,602	214	1.710		**351.112**
SANDIA	1,606	234	1.9		**95.083**
PÊSSEGO	4,775	732	5.8545		**82.115**
TOMATE	175	30	0.20		**21.410**
ALGODÃO	875	59	0.55		**20.589**
FORRA DE MILHO.	7,646	1,090	8.6485		**18.324**
MAIZ	358		0.3		**3.705**
AVENA	1,379	210	1.7		**13.905**
FARINHA DE TRIGO	622	23	0.2		**11.182**
TRITICALE GR	335		0.1		**4.500**
LEGUMES DE FORRAGEM			0.2		**3.360**

OUTRAS CULTURAS	3,768	492		4.7115	72.264
GADO LEITE (cabra)	53,425	2,769			10291,698.313
Gado Carne (Cab)	48,708	ND	ND	ND	ND
Subtotal Agricola	77,529	9,840		793,707	2,562.969
Subtotal Criador de gado	102,133	2,769		1,029	1,698.313
TOTAL	179,662.00	12,609.00		1003,592	4,261.28

Fontes: módulo 1,2,3,4,5,6,7,8,9 e 12 superfícies e produtores 2010.

DDR 013 Delicias Rural Preços e rendimentos médios PV 2010 e ciclos OI e Perene 2009.

CENSOS AGRÍCOLA, PECUÁRIO E FLORESTAL 2007 (bovinos de leite e de carne).

Censo PROGAN D.D.R. 013 Delicias.

ND= Não determinado (não foram encontradas informações).

Conclusões:

Na geração de valor no nível primário em relação às espécies que estão estabelecidas no Distrito, elas são ordenadas da seguinte forma: Bovinos Leche, Nogal, Alfafa, Chile Verde e Cebola Em relação aos produtores de baixa escala económica, ordenam-se as seguintes espécies Alfafa, Bovinos Leche, Nogal, Cacahuate. No caso dos bovinos de leite, está intimamente ligado à sementeira de forragens, em que a alfafa, o milho forrageiro, o trigo forrageiro, o sorgo forrageiro e os prados são as principais culturas, uma vez que se estabelecem no ciclo outono-inverno, com uma superfície de 650 hectares.

INFRA-ESTRUTURAS DE BASE E HIDRO-AGRICULTURA

Hidrologia.

As fontes de abastecimento de água para as actividades agrícolas e pecuárias da região são as barragens de Boquilla, com uma capacidade total de 2,95 milhões de metros cúbicos numa bacia de 21.003 quilómetros quadrados, que aproveitam as correntes do rio Conchos, localizado no município de San Francisco de Conchos. A barragem Francisco y Madero, também conhecida como "Las V^genes", funciona como fonte auxiliar de abastecimento de água e tem uma capacidade total de 425 milhões de metros cúbicos com uma bacia de 11.635 quilómetros quadrados que aproveita as correntes do rio San Pedro, localizada no município de Rosales. Para a irrigação da superfície agrícola em água do subsolo existem 899 poços profundos, a maioria deles de 8 a 10 polegadas de diâmetro de saída com uma capacidade de serviço para 24 mil hectares aproximadamente.

Existe uma rede de auto-estradas e estradas em bom estado, bem como uma rede de comunicações para telefones com e sem fios e eletricidade. A Internet e a água potável não existem em algumas comunidades.

MAPEAMENTO DA CADEIA DE VALOR DO GADO E DO LEITE NO SECTOR SOCIAL.

Dentro da dinâmica que foi estabelecida com o brainstorming os produtores propuseram a cadeia produtiva onde estabelecem o fluxo do seu produto desde a produção até chegar ao seu mercado alvo, que é quem libera o recurso económico para o pagamento do leite. Estabeleceram as funções produtivas envolvidas na cadeia de produção e comercialização do leite. Indicaram também os elos em que têm actividades e as características do leite para comercialização entre elos e da cadeia.

A cadeia que apresentavam e onde se encontravam era:

Figura 11. Diagrama da cadeia de valor do gado leiteiro na região de Delicias, Chihuahua.

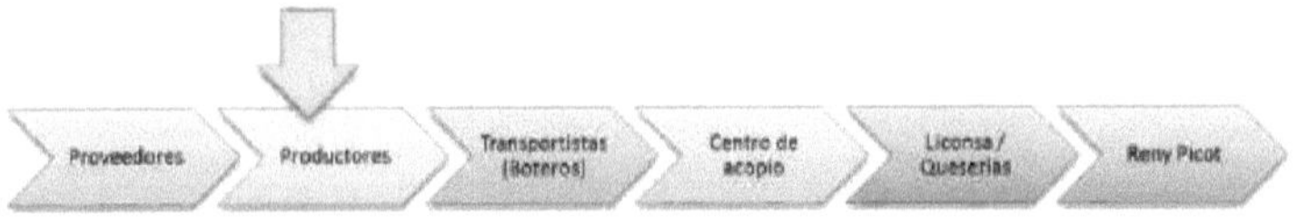

Fonte. Elaboração própria, trabalho de campo 2016.

Mostraram também o produto que flui através dos diferentes elos da cadeia de produção, bem como os serviços que são oferecidos num dado momento do processo. É o caso do transportador que oferece um serviço ao produtor para deslocar o leite da fábrica de lacticínios até ao centro de recolha onde é entregue e que, muitas vezes, actua como intermediário, porque é ele que, finalmente, cobra o pagamento nos centros de entrega e estabelece as políticas de pagamento, independentemente da forma como o leite é pago em cada centro. Os centros recolhem o leite, embalam-no e enviam-no para a empresa Reny Picot para desidratação. A Maquila é paga pela LICONSA.

Praticamente a cadeia maneja o leite cru fluido para a comercialização com a LICONSA, no entanto, existe outra parte do leite fluido que é comercializada para a produção de queijo, onde a empresa pasteuriza-o e obtém os diferentes queijos que são comercializados no país, como se pode ver no esquema seguinte.

Figura 12. Diagrama de modificações de produtos na cadeia de valor do leite.

Fonte. Elaboração própria, trabalho de campo 2016.

Figura 13. Agentes que participam nos elos da cadeia de valor do leite.

Fonte.

Elaboração própria, trabalho de campo 2016.

Dentro da cadeia, o abastecimento é estabelecido pelas diferentes empresas da zona, bem como pelos produtores de forragens e cereais e pelos serviços de assistência técnica; O produtor centra-se na produção de leite em unidades de produção que, na maioria deste sector E1 e E2, apresentam fortes limitações em infra-estruturas e equipamentos para oferecer um produto de alta qualidade, o que favorece o serviço de um intermediário para o transporte do leite, que lhe paga, sujeito a ser aceite no centro de recolha correspondente onde está inscrito e paga um diferencial de 0,90 a 1,20 por litro de leite, com um diferencial de 0.90 a 1,20 menos do que o oferecido pela

LICONSA.

Os diferentes actores que representam a cadeia de produtos lácteos do sector social na DDR Delicias são claramente identificados pelos produtores. São apresentados no diagrama seguinte:

Figura 14. Participantes na cadeia de valor do leite, sector social DDR Delicias, Chihuahua.

Fonte. Elaboração própria, trabalho de campo 2016.

É de referir que existem cerca de 40 intermediários ou transportadores de leite na RDA. Delícias. Fazem entregas em centros de recolha, dulcenas, paletenas e quesenas do território.

Em cada elo da cadeia, são realizadas actividades específicas que permitem o fluxo de leite e de serviços para trás e para a frente na estrutura da cadeia, tal como se manifesta na dinâmica de trabalho entre produtores e empresários, principalmente.

Figura 15: Processos e actividades da cadeia de valor do leite, DDR Delicias, Chihuahua.

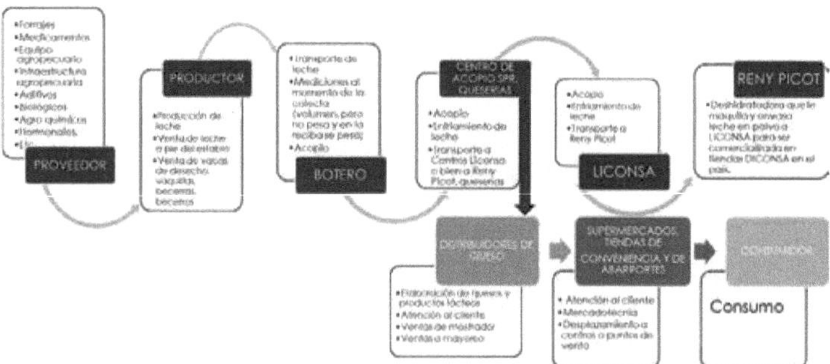

Fuente. Elaboración propia, trabajo de campo 2016.

Fonte. Elaboração própria, trabalho de campo 2016.

O papel desempenhado por cada um dos intervenientes é necessário para o escoamento do produto e para a realização do objetivo da cadeia de comercialização do leite do sector social para a LICONSA e, em menor escala, para o abastecimento da indústria queijeira do território.

MERCADO-ALVO

A fim de estabelecer o mercado-alvo atual e a sua localização, os produtores participaram, afirmando que, em muitos casos, o seu comprador, entre aspas, o transportador, estava em função da possibilidade de acomodar o leite no centro de recolha ou em quesena, principalmente. Outros produtores dispõem das instalações necessárias e fazem eles próprios as entregas nos centros de recolha. A comercialização efectua-se durante todo o ano, desde que a LICONSA disponha de orçamento para comprar o leite Kquida e para transformar o leite desidratado na empresa Reny Picot.

Este mercado atual que os produtores do sector social têm deve-se à procura de leite que a LICONSA tem para cobrir o défice de leite subsidiado que é distribuído através da DICONSA a nível nacional. Vale a pena mencionar que a LICONSA está atualmente a ser questionada por comprar leite caro a este sector, quando é possível obtê-lo no mercado internacional a um preço mais baixo, praticamente 50% do que é comprado no país.

Atualmente, este território tem este mercado-alvo que fez alguns ajustes e as quotas de entrega estão a ser ajustadas. No entanto, não foi detectada a procura de novos mercados no território. Situação contrária, em que os produtores do Centro de Recolha SUNILEC, estabelecido noutro DDR, procuram abrir um novo mercado alvo com leite fresco pasteurizado, no entanto, atualmente é apenas uma ideia que está a ser desenvolvida para estabelecer a empresa.

Atualmente, os produtores vendem para diferentes centros de recolha estabelecidos na DDR Delicias, tais como

1) Lactoleneros S.P.R de R.L.
2) Associação de produtores de leite 2 de abril S.P. R. de R.L.
3) SOPREDEL S.P.R. da R.I.
4) Lacteos Santa RosaKa de Camargo S.P.R. de R.L. C.V.
5) Sociedad de Productores del Conchos S.P.R. de R.L.
6) Asociacion Ganadera Local Especializada de Productores de Leche de la Region Centro Sur del Estado de Chihuahua (Associação Pecuária Local Especializada de Produtores de Leite da Região Centro-Sul do Estado de Chihuahua).
7) Productores de Leche la Violeta S.P.R. de R.L.
8) LACTODEL S.A.
9) Industrializadora y Procesadora de Productos Lacteos de Delicias S.A. de C.V. (INPROLADESA) 10) Grupo Ganadero de Validacion y Transferencia de Tecnolog^a (GGAVATT) dos produtores de Leche de Rosales S. de R. L. M.I.
11) Sociedad de Productores Corrillera -Julimes las Varas S. de R.L. M.I.
12) El Mimbre Alpas Productores S.P.R. de R.L. de C.V.

É importante referir que existe uma frota de intermediários denominados transportadores ou colectores que entregam o leite fluido nos centros de recolha acima referidos. Estes são o mercado-alvo de cerca de 40% dos produtores da RDA.

O verdadeiro mercado alvo para os 40% de produtores em falta está nos centros de recolha onde os transportadores entregam o leite, mas não o fazem porque não estão organizados e não estabelecem rotas para recolher o leite em cada UPP e entregá-lo no centro de recolha correspondente. A distância desta frota não é superior a 15 quilómetros para chegar a qualquer centro de recolha na RDA. Os centros de recolha estão situados nos municípios de Delicias, Julimes, Meoqui, Camargo, Saucillo e Rosales.

O leite e as suas características organolépticas.

O leite, como produto principal destes sistemas de produção, é comercializado como leite fluido, que deve cumprir determinadas características organolépticas e de qualidade para poder ser comercializado na LICONSA, na Quesenas e nos Centros de Recolha (intermediários). As características que o leite deve apresentar para poder ser comercializado são as seguintes

Matéria gorda 30 gr/lt Mínimo Protena 28 gr/lt Mínimo Lactose 43 gr/lt Mínimo

Bactérias mesófilas aeróbias por citómetro menos de 100 000 UFC/ml Células somáticas por citómetro 400 000 CS/ml

Reductase 120 minutos para mudar Antibiótico negativo

CFU= Unidades formadoras de colónias CS= Células somáticas.

O leite deve reunir as características acima referidas, caso contrário não é recebido pelos diferentes centros de recolha que o vendem à LICONSA, através da empresa Reny Picot, que finalmente efectua os testes necessários para aceitar o leite e transformá-lo.

As condições estabelecidas pelo mercado-alvo são que o leite cru seja entregue diariamente ou de três em três dias, consoante o produtor e o centro de recolha em causa. Custo gratuito a bordo no armazém do cliente. Os pagamentos são efectuados todos os fins-de-semana. É estabelecido um contrato com o centro de recolha e não é assumido qualquer compromisso com o coletor.

O produto real, desde que cumpra as características acima referidas, é aceite nos centros de recolha. No entanto, qualquer indicador que não seja cumprido é motivo de rejeição do leite e se esta situação se repetir durante três dias consecutivos, o produtor corre o risco de perder a sua permanência. Vale a pena mencionar que, se o leite não for recebido, o produtor está atualmente à procura de uma alternativa de comercialização, que pode ser a fábrica de queijo, que em alguns casos está localizada perto do centro. Outros vendem o seu leite a "boteros" que o compram a baixo preço e o vendem depois a outros centros de recolha ou a fábricas de queijo. Este intermediário raramente perde nos seus processos. Deve acrescentar-se que quando o intermediário (Botero) vende leite de qualidade aos centros de recolha e recebe os prémios pelo produto, não integra os 30 cêntimos por litro de leite aos produtores.

O processo de trabalho para a produção de leite de vaca:

As actividades que os produtores realizam nos seus processos de obtenção de leite são as do primeiro elo da cadeia de produção, que é a produção. Estas actividades são realizadas diariamente pelos produtores através de diferentes desempenhos, alguns tradicionais que necessitam de ser melhorados e outros que são aceitáveis no seu contexto produtivo.

Durante este processo, foi pedido ao agricultor que descrevesse as diferentes actividades que realizava na sua UPP para a produção de leite de vaca. Considerando o que fazem, como o fazem, com que o fazem e para que o fazem.

Os processos associados ao leite procurado pelo mercado-alvo começam com a identificação dos processos que estão relacionados com a produção do leite procurado pelo mercado-alvo. Seguem-se os processos de trabalho associados à obtenção das características exigidas pelo mercado-alvo.

Tabela 43. Processos de trabalho associados às características do produto exigidas pelo mercado-alvo.

Caracteristicas do produto procurado pelo mercado-alvo	Processo associado
Gordura 30 gr/lt mínimo Proteína 28 gr/lt mínimo Lactose 43 gr/lt mínimo Bactérias mesófilas aeróbias por citometria inferior a 100 000 UFC/ml Células somáticas por citometria 400 000 CS/ml Reductase 120 minutos para mudar Antibiótico negativo CFU= Unidades formadoras de colónias CS= Células Somáticas. Acidez não superior a 16	Processo de produção para a produção de leite comercializável

Leite frio	Entrega de leite
Sem peróxido, soda cáustica, outros produtos químicos	Sem conservantes não autorizados

Fonte. Elaboração própria, trabalho de campo 2016.

Os processos de trabalho associados à obtenção das condições de mercado-alvo são enumerados no quadro seguinte.

Tabela 44. Processos de trabalho associados à concretização das condições do mercado-alvo.

Estado	Processo associado
O leite fluido apresenta as características descritas no quadro acima.	Obtenção de leite de qualidade para ser entregue no centro de recolha correspondente.
Entrega diária de manhã, das 6 às 9 horas	Logística: Programação de encomendas Planeamento de entregas diárias ou de três em três dias Respeito pela fila de espera Análise da acidez no momento da entrega no centro de recolha (teste do álcool a 72%) Entrega e pesagem do leite com a respectiva densidade.
Custo gratuito a bordo no centro de recolha	Logística: Administração de transportes
A totalidade do leite entregue durante a semana é paga ao fim de semana.	Administração Registos contabilísticos das receitas e da qualidade dos produtos.
Assinatura de contratos	Administração do centro de recolha e autorizada pela LICONSA Aspectos jurídicos entre o centro de recolha, o produtor e a LICONSA

Fonte. Elaboração própria, trabalho de campo 2016.

ANÁLISE COLECTIVA DOS PROCESSOS DE TRABALHO ACTUAIS

Durante o desenvolvimento da análise foi a oportunidade para os produtores expressarem o seu conhecimento tácito para a execução das suas rotinas de trabalho para a produção de leite de qualidade. Foram feitas perguntas directas sobre os conhecimentos, questionando sequencialmente sobre os seus processos, de modo a permitir que os actores do elo de produção descrevessem como realizam o seu trabalho, com o quê, bem como o cálculo dos custos.

O primeiro passo foi definir as actividades envolvidas no processo de trabalho a analisar.

Processo de produção para a produção de leite:

O que é que o Produtor faz?

Alimentar a vaca no pós-parto diariamente, pelo menos duas vezes por dia, com ração no estábulo e concentrado na altura do parto.

A água é mantida num bebedouro com líquido permanente, regularmente sujo.

Le tem um espaço de pelo menos 6 metros quadrados por vaca.

Por vezes, tem sombreadores, mas não está devidamente espaçado.

Verificar o aquecimento da manhã e da tarde de forma irregular.

Se a vaca estiver em cio, pede-se ao técnico que a insemine ou que ela seja coberta por um garanhão.

A vaca fica prenhe e pede-se ao técnico que confirme o facto 60 dias após a cobrição ou que confirme a prenhez no momento da secagem, por palpação externa do lado ventral direito.

Se a vaca não parir, os serviços são repetidos até a vaca parir.

Se estiverem prontos, podem inscrever-se no calendário da casa.

Quando a produção da vaca cai significativamente, o produtor faz uma palpação externa da barriga da vaca do lado direito e, se sentir o bezerro, marca a vaca para secar.

Secar a vaca cerca de 45 a 30 dias antes do parto.

Depois de secar o animal, aplicar antibiótico intramamário e confiná-lo ao resto do efetivo.

Na maioria dos casos, a vaca seca é alimentada com forragens até ao parto.

Quando a vaca parir, deixar o vitelo com ela durante três dias.

Processo de produção para a produção de leite:

Iniciar o pedido da vaca após três dias de panda

Se for uma fêmea, o cna é levado para um curral onde é confinado com outros cna mais velhos (3 a 90 dias de idade); caso contrário, o produto é vendido.

Dar leite fresco diariamente, 2 litros de manhã e 2 litros à tarde.

Oferece forragens de má qualidade em livre acesso

Oferecer água diariamente

Ele faz uma supervisão no momento em que oferece o leite.

Desmame do cna aos 90 dias

Continuar a oferecer forragem de baixa qualidade durante o período pós-desmame utilizando um regime alimentar único.

Oferece água de má qualidade nas piscinas

Solicitar ao SINIIGA o areado para os incrementos.

Tiozão e areta com brinco SINIIGA aos 6 meses de idade

Mantém o desenvolvimento de vitelos com dietas pobres em nutrientes

Continua a oferecer água de baixa qualidade em contentores muito grandes

Procriação com touros ou, nalguns casos, inseminação aos dois anos de idade para substituição.

Se for alimentada, não a apalpa, mas espera que a sua glândula mamária comece a desenvolver-se antes de ser programada para consumir forragem das vacas em produção.

À espera que o evento do nascimento a leve a entrar em trabalho de parto.

Segue-se uma descrição de cada uma das actividades tradicionalmente desenvolvidas pelos produtores de leite bovino para servir o seu mercado-alvo.

Tabela 45. Descrição das actividades necessárias para servir o mercado-alvo.

O que é que eu faço?	Como é que o faço?	O que é que eu uso?	Que quantidade devo utilizar?	Quanto é que custa?	Total ($)	Observações
Alimentar a vaca	Oferece 12 kg de forragem	Alfafa de segunda colheita	14 kg	2,50/kg	35.00	É proposto um regime alimentar que não se baseia tecnicamente nos níveis de produção.
	após a ordem					
	Os cereais são propostos pela ordem	Concentrado lácteo 12	6 kg	6,25/kg	37.5	

O que é que eu faço?	Como é que o faço?	O que é que eu uso?	Que quantidade devo utilizar?	Quanto é que custa?	Total ($)	Observações
						Todas as vacas recebem o mesmo regime alimentar.
Oferecer água	Abrir a torneira da água potável	Mangueira	120 lt/vaca/dia a	.011	1.20	Está disponível água da rede pública subsidiada.
Espaço 6 m2/vaca	Espaço no sítio	Área do sítio	6 m2	0.001	.006	Animais de quintal
Por vezes tem shaders	Sombra rústica	Construção	2 m2	0.90	1.80	Construção rústica
Verificar os aquecimentos	Aquecedor para 10 vacas	Observação	10 min/dia	8.00/hora	0.30	Observação visual diária
Bale a vaca	2 IA	Técnico	1		600.00	Pagamento do serviço de insem vaca. 2 serviços /aprendizes
Checo prenez	Diagnóstico de gravidez	Técnico	1	30	30.00	Auscultação do aparelho reprodutor pelo técnico
Se repetir o empate	Já foram considerados 2 serviços	na	na	na	na	Já cobrado no serviço/conceito
Se estiver congelado, programar para o secar em seguida	Apenas capta informações	na	na	na	na	Basta apontar para algum lado
Palpação externa para secar a vaca.	Pressiona o flanco direito da vaca e detecta o vitelo.	Produtor	Gratuito	Gratuito	Gratuito	A atividade é levada a cabo pelo produtor quando o produto do leite de vaca é reduzido.
Secar a vaca	Só o manuseia para secar	Produtor	Gratuito	Gratuito	Gratuito	Efectua a deteção de prenez v^a externa e seca
Aplicar antibiótico	Aplicação intramamária	Produtor	4 seringas	42.00	168.00	A vaca é arrumada e,

intramamário durante a secagem.	de antibióticos					quando a unidade de arrumação é retirada, é aplicada uma seringa de antibiótico aquando da secagem da vaca.
Alimentar a vaca seca	Oferece alimentos de baixa qualidade Concentrados no período de desafio	Alfafa de segunda colheita Concentrado 12	840 kg	2.20 5.40	1848.00 324.00	A alfafa é oferecida ao longo de todo o período seco de dois meses e 3 kg de concentrado por dia em caso de desafio.
Quando a vaca parir, deixar o vitelo com ela durante três dias.	A vaca amamenta o vitelo durante 3 dias calostreo	Curral e alfafa com alimentos concentrados	1; 12 kg de luzerna e 4 kg de concentrado 12% CP	2.20 5.40	79.20 64.80	Alimentado com luzerna e concentrado 12 para gado leiteiro.
Começar a parir a vaca três dias após o parto.	A vaca passa para a Hnea de ordena	Máquina de curral e de triagem, contentores, pré-selagem, selagem, eletricidade,	1 máquina, i contentor, pré-selar, selar, 2 kwh	18.77	5724.00	Custo da vaca para a depreciação do equipamento, do contentor, dos factores de produção.
Se for uma fêmea, a cria é levada para um recinto com outras crias.	Retirar o vitelo da vaca	Cabana do bezerro	1	0.2	158.00	Custo da cabana do vitelo durante 90 dias
Dar leite fresco diariamente, 2 litros de manhã e 2 litros à tarde.	Oferece uma dieta rica baseada em.	Garrafa, garrafa, garrafa, leite de 4 litros	1; $0.20 garrafa diária, garrafa 15.00, leite 360 lt. A $6.10 / lt	2229.00	2229.00	Os custos de alimentação dos vitelos e de amortização do equipamento, a mão de obra não é considerada, uma vez que

						se trata de mão de obra familiar.
Oferece forragem de má qualidade à disposição do vitelo durante a lactação.	Oferecer alimentos diariamente	Alfafa de baixa qualidade	2,20 por kg	38,5 kg de luzerna	$84.70	Durante toda a lactação são oferecidas aos vitelos forragens de baixa qualidade.
Oferecer água diariamente	Alimente o bebedouro; ponha-lhe água.	Mangueira e água	2 litros por vitelo	na	na	A água é oferecida, mas o seu custo é mínimo (não apreciável).
Ele faz uma supervisão no momento em que oferece o leite.	Controlo do gado	Produtor	1	na	na	Basta verificar a ninhada ou ninhadas que tem na altura.

O que é que eu faço?	Como é que o faço?	O que é que eu uso?	Que quantidade devo utilizar?	Quanto é que custa?	Total ($)	Observações
Desmame na idade de 90 como	Ele tira o bezerro do curral e leva-o para outro curral com os bezerros maiores.	Apenas a lavrar	1	na	na	Mobilizar o vitelo desmamado de 90 dias para outro compartimento.
Continuar a oferecer forragem de baixa qualidade durante o período pós-desmame (3 a 12 meses) utilizando um regime alimentar único.	Oferece alimentos de baixa qualidade	Alfafa de segundo ou terceiro grau	1494,45 kg de luzerna consumida durante 270 dias	3287.79	3287.79	Custo total da alimentação do vitelo desde o desmame até ao ano de idade, com um peso de 178 kg.
Oferece água de má qualidade nas piscinas	Dar água diariamente	Água potável	6 lt	0.60	.60	Custo por consumo diário de água
Pedidos de Aretado ao SINIIGA para	Comprar brinco, pagar ao Aretador e	1 técnico aretador	1	na	na	Custo da aplicação do brinco. Viajar

incrementos	serviço					aproveitando outra atividade
Uncorn e areta com SINIIGA areta aos 6 meses mantém os vitelos em desenvolvimento em dietas nutricionalmente pobres (12 meses a 24 meses).	Manuseamento e amortecimento Alimentação diária dos vitelos até ao parto.	1 Alfafa de baixa qualidade	12737 kg num ano	70.00 2.20 kg	70.00 6021. 0 0	Custo de Arete e Serviço, Custo de alimentação de uma novilha com 338 kg aos dois anos de idade.
Continua a oferecer água de baixa qualidade em contentores muito grandes	Abrir a torneira da água municipal	Água	30 lt	1.20	1.20	Custo diário da água oferecida por novilha
Procriação com touros ou, nalguns casos, inseminação aos dois anos de idade para substituição.	Insemina	Sémen e pagamento do serviço	2 doses	300.00	450.0 0	Custo dos dois serviços por novilha com 1,5 serviços por conceção
Mantém dietas de má qualidade à base de luzerna de má qualidade desde os 24 meses até ao parto.	Ofereço alfafa de baixa qualidade num confinamento num único curral	Feno de caruru e de luzerna	2767 kg de luzerna	2.20	6087. 4 0	É oferecida luzerna de segunda colheita até um peso à nascença de 473 kg (270 dias).
Fornece água potável em pilhas contaminadas	Estacas de betão gerais	Mangueira e água potável	40 lt	1.20	1.20	Custo por consumo de água.
Se for alimentada, não a apalpa, mas espera que a sua glândula mamária comece a desenvolver-se antes de ser programada	Espero pelo início do desenvolvimento da glândula mamária e ofereço ração e pouco concentrado.	Alfafa de qualidade média 12 kg por dia	360 kg	900.00	900.0 0	Concentrado proposto durante um mês antes da entrega

para consumir forragem das vacas em produção.					
Antes do parto, dá à novilha um concentrado diário de 12	É-lhe oferecido quando a coloca no quarto arrumado, ao mesmo tempo que a treina.	Concentrad o 12% 3 kg por dia			
À espera que o evento de entrega seja colocado em ordem	Aguardo com expetativa o vosso tempo	Gestão do animal até ao parto.	0	00	0

Fonte. Elaboração própria, trabalho de campo 2016.

O ponto de equilíbrio para o volume de leite por lactação produzido no rebanho sem considerar o custo de reposição é de 5.716,52 kg, assumindo um custo por litro de leite de $5,75 pesos por quilograma no centro de coleta. Com essa informação, pode-se estimar que os quilos de leite produzidos por dia para pagar as despesas do rebanho devem ser de 14,29 kg.

Assumindo o custo de produção do desenvolvimento de substitutos e da produção de leite do rebanho, é necessário produzir 6.943,02 quilogramas de leite por lactação. Assumindo um custo por litro de $5,75 pesos por quilograma, é de se esperar uma produção de 17,36 quilogramas de leite por dia durante o período de lactação. Com base no exposto, é muito provável que muitos rebanhos E1 e E2 nem sequer cubram os custos de produção de leite, o que é exacerbado pela inclusão do desenvolvimento de substitutos.

Processos de trabalho para atingir a qualidade e as condições exigidas pelo mercado.

Os actores, enquanto fornecedores e produtores da cadeia do leite bovino no território da DDR Delicias, devem modificar os seus processos de trabalho para garantir a qualidade do leite exigida pela LICONSA como mercado-alvo. O quadro anterior mostra: ^como? com quê? ^quanto? e custo? Que foram objeto de investigação. Esta informação foi obtida junto de produtores, clientes, fornecedores e investigadores, entre outros.

A modificação para evitar perdas nesse mercado torna necessário efetuar certas modificações nos processos, incluindo algumas inovações que foram apresentadas pelos produtores. Todas as propostas são inovações comprovadas no sector empresarial que tiveram um impacto. No entanto, dado que existem muitos grupos de trabalho dentro do programa de apoio aos pequenos produtores de leite, é necessário que o extensionista, juntamente com os seus produtores e outros actores directos e indirectos da(s) cadeia(s), sejam os responsáveis pela realização das tarefas correspondentes, sem as quais a modificação dos processos de trabalho pode não ser orientada para a satisfação das exigências do mercado-alvo (LICONSA), o que aumentaria o risco de não ter um impacto favorável na cadeia para gerar valor ou riqueza económica, social e ambiental.

Quadro 46. Processos actuais de produção de leite levados a cabo pelos produtores de gado <u>DDR Delicias, Chihuahua.</u>

Fases do processo de produção	O que é que foi feito?	i. Com o quê?
Aquisição de substitutos no mercado local.	Compram animais (vacas ou novilhas) sem efetuar testes de despistagem da tuberculose, da Leptospira BR e do esporo Neo.	Dinheiro, mas no momento da compra não pedem provas de saúde animal.
Alimentação	Todos os bovinos são alimentados com uma dieta única, em quantidades variáveis consoante o tamanho do animal, sendo por vezes reduzido o concentrado das vacas próximas da secagem. Aos vitelos durante a lactação é oferecido leite fluido e luzerna de baixa qualidade nutricional, aos animais em crescimento e em desenvolvimento é oferecida apenas luzerna de segunda qualidade, às vacas recentemente secas é oferecida forragem de baixa qualidade e, nalguns casos, às vacas em desafio é dada luzerna ligeiramente melhor com apoio de concentrado 12.	Com um carrinho de mão para o transporte da dieta a ser oferecida aproximadamente a cada 12 horas. Da mesma forma, os insumos alimentares são baseados principalmente em forragens de baixa qualidade na maioria dos casos.
Encomendar	As vacas em produção são seleccionadas de 12 em 12 horas, com uma rotina de seleção inadequada, a inspeção da maquinaria não tem qualquer procedimento e o equipamento é limpo, em muitos casos, apenas com água.	Nas salas de ordenha rústicas ou não funcionais, a vaca é presa e manipulada, na maior parte dos casos é utilizada uma máquina de triagem de duas vacas e uma baixa percentagem de produtores faz a triagem à mão.
Saúde	Alguns produtores vacinam, praticamente todos testam os seus estábulos para detetar a brucelose e a tuberculose, desparasitam e vitaminam esporadicamente, mas a limpeza dos estábulos não é efectuada, exceto no que se refere à arrumação da área de trabalho.	Equipamento de vacinação, bacterina de 6, 7 e 8 vias, desparasitação com produtos à base de ivermectina, vitamina ADE. Alguns produtores efectuam anualmente testes de tuberculose e BR.
Gestão	Lotificação parcial; a mastite clínica é detectada e os animais são tratados, os registos de produção são parcialmente mantidos, não há desalimentação no momento da secagem; a calostração das vacas é efectuada diretamente a partir da vaca.	São mantidos registos de recolha de dados com canetas, deteção visual de mastite clínica e lápis; a vaca

		amamenta as vacas durante 3 dias.
Reprodução	A inseminação, o diagnóstico de gravidez e o maneio pós-parto, a secagem das vacas e a reprodução de substituição são utilizados em algumas explorações. Noutros estábulos utiliza-se o acasalamento direto, mas não há uma gestão adequada da utilização do garanhão para garantir uma boa fertilidade e evitar a propagação de doenças associadas à reprodução.	Equipamento de inseminação Normalmente o técnico externo é transportado pelo técnico, o diagnóstico é feito pelo técnico extensionista e este transporta o equipamento, na secagem das vacas utilizam infusões intramamárias.
Manuseamento do leite	Alguns produtores entregam ao coletor à porta da exploração, enquanto outros entregam em centros de recolha e centrais leiteiras.	Recipientes e contentores de plástico

Fonte. Elaboração própria, trabalho de campo 2016.

Esta informação é complementada pelo quadro acima, onde são indicados os custos da mão de obra, dos factores de produção, dos equipamentos, das infra-estruturas, das máquinas, etc.

Os processos ideais para a produção de leite são apresentados a seguir:

Tabela 47. Processos ideais para a produção de leite exigidos pelo mercado-alvo.

Fases do processo de produção	i. O que deve ser feito?	Com o quê?
Aquisição de substitutos no mercado local.	Permitir a aquisição de animais (vacas ou novilhas) com características fenotípicas bem definidas e a estimativa do seu mérito genético através do seu pedigree com informação fiável e valiosa. Selecionar os animais de acordo com o sistema de produção. Adquirir animais com testes actuais para a tuberculose e a brucelose Adquirir animais de substituição com testes negativos para a leptospira, o neo-esporo, etc.	Financiamento, conhecer as características fenotípicas para avaliar o gado Holstein e interpretar a informação por pedigree. Solicite o documento que comprova a validade dos testes, bem como o seu atual programa de vacinação.
Alimentação	Formação em alimentação estratégica do gado. Elaboração de dietas de acordo com as fases produtivas. Bebedouros e comedouros limpos. Planear compras consolidadas de forragens ou contratar a produção de forragens e comprá-las numa base vantajosa para todos. Fabrico dos seus próprios concentrados. Controlo dos comedouros e do gado.	Utilização de um programa para equilibrar as rações por fase de produção das vacas, produção de leite e dias de leite, utilização de utensílios para manter os bebedouros, com acordos verbais ou legais para a plantação por contrato e mistura de fórmulas no

		estábulo.
Encomendar	Formação sobre as actividades ligadas ao manuseamento e à gestão do leite na fábrica de lacticínios. Efetuar o teste da Califórnia de 15 em 15 dias. Limpeza do equipamento. Rotina de encomenda correcta. Manuseamento das vacas antes e depois da rampa.	Nas salas de ordenha rústicas, a vaca é presa e manipulada, na maioria dos casos é utilizada uma máquina de seleção de duas vacas e uma pequena percentagem de produtores selecciona manualmente. Utilizar reagente da Califórnia, pá e água para enxaguar, aplicar as lições aprendidas na rotina de seleção.
Saúde	Formação sobre a importância da prevenção de doenças que põem em risco a saúde e a sobrevivência do gado, bem como o estabelecimento de protocolos de vacinação de acordo com a zona. Calendário de vacinação de acordo com a zona de prevalência. Vacinação contra a mastite (de 6 em 6 meses ou anual). Fumigação dos estábulos para controlo das moscas. Limpeza e desinfeção das instalações. Gestão dos excrementos. Prevenção da pneumonia nos vitelos. Protocolos de tratamento para doenças comuns.	Equipamento de vacinação, 6, 7 e 8 v^as bacterinas, vacinação contra a mastite, desparasitação com produtos à base de ivermectina, vitamina ade. Fumigação com pulverizador costal, calostração adequada e boa alimentação para manter um sistema imunitário forte.
Gestão	Formação na utilização, gestão e interpretação de informações em registos de produção ou económicos. Registos e sua interpretação. Lotação de acordo com as fases produtiva e reprodutiva e o estado corporal. Conforto da vaca. Identificação da vaca. Manual de operações do estábulo.	Manter os registos actualizados, de modo a que as vacas possam ser adequadamente lotificadas para oferecer alimentação ou programadas para um evento produtivo, reprodutivo ou de gestão.
Reprodução	Formação para melhorar a eficiência reprodutiva através de diferentes estratégias relevantes para melhorar os indicadores de impacto económico associados a uma reprodução animal eficiente.	O equipamento de inseminação é normalmente transportado pelo técnico externo,
	Protocolos de sincronização do cio. Protocolos de inseminação em tempo fixo. Inseminação artificial. Diagnóstico de gestação. Gestão pré-parto e pós-parto da vaca. Gestão do nascimento do vitelo.	o diagnóstico é feito pelo técnico de extensão e ele leva o equipamento, na secagem das vacas eles usam infusões intramamárias. As vacas

	Melhoramento genético.	são secas com infusões intramamárias.
Manuseamento do leite	Formação em matéria de encomenda e manuseamento do leite. Reforço da cadeia de frio na manipulação do leite. Manutenção e higienização dos equipamentos de triagem.	Veículo com um tanque especial de alumínio com uma camisa que isola o leite do ambiente para que não aqueça e dure 2 a 4 graus para a entrega.

Fonte. Elaboração própria, trabalho de campo 2016.

Comparação dos processos de trabalho "actuais" e "ideais

Com base na dinâmica de trabalho levada a cabo pelos produtores, os extensionistas e empresários da produção de queijo propõem algumas inovações a integrar nos seus processos de trabalho, de forma a tornar a sua empresa ou empresas de lacticínios mais rentáveis e competitivas. Será necessário fazer alguns ajustes e mudanças em algumas partes dos processos, alguns serão sem custos e outros envolverão financiamento para a sua implementação e espera-se que estes sejam integrados nos processos normais dentro das empresas (adoção de inovações tecnológicas). Será necessária a participação de actores externos que tenham interesse no sistema de produtos para o tornar rentável e competitivo no mercado do leite bovino, tendo em conta a deficiência de leite no México e as grandes importações que são feitas anualmente.

No entanto, é necessário dar apoio aos actores para os comprometer a mudar de atitude e gerar a adoção de mudanças, com a aprendizagem e o investimento necessários no exercício de comparação dos processos de trabalho que já realizam com os processos de trabalho considerados ideais para garantir a qualidade do produto exigido pelo seu mercado atual.

Identificação de investimentos e retornos para cada processo.

Tabela 48: Identificação de investimentos e retornos para cada processo.

	Conceito de investimento	Custo ($)	Litros de leite / Vaca / dia / lactação
Processo de trabalho "Ideal" para servir o mercado-alvo	Aquisição de substitutos no parto	22,330,000.00	**22 litros**
	Melhoria da alimentação dos animais	20,051,895.00	
	Melhoria e gestão da qualidade do leite	31,162,256.00	
	Melhoria da saúde animal	496,125.00	
	Melhorar a eficiência reprodutiva	716,801.00	
	Totais	**74,757,077.00**	

Fonte. Elaboração própria, trabalho de campo 2016.

O estoque aproximado do rebanho bovino dos 817 produtores é de 6.379 vacas, com um número médio de vacas por UPP de 7,8. Considerando um crescimento por unidade de produção para os produtores E1 e E2 de 10%, haveria mais uma novilha por produtor em números fechados; portanto, a compra com financiamento seria de 638 novilhas no parto. Não é aconselhável comprar mais novilhas enquanto o produtor aprende a manejar eficientemente o gado de alta qualidade.

A alimentação do efetivo começará com as vacas em produção e as vacas secas, oferecendo uma melhor alimentação que aumentará os litros de leite por vaca/dia/lactação e reduzirá o custo por litro de leite produzido dentro do estábulo. Para o melhoramento do concentrado pretende-se aumentar 80 cêntimos por quilograma oferecido às vacas em produção e da forragem 30 cêntimos aproximadamente por quilograma de luzerna.

A fim de melhorar a qualidade do leite, será criado um centro de recolha para cada grupo de produtores organizados na DDR Delicias, serão criados 8 centros de recolha, que poderão ser apoiados pelos actuais programas SAGARPA. Esta medida facilitará os investimentos e melhorará consideravelmente a qualidade e o manuseamento do leite para comercialização.

Para o programa de reprodução, considera-se a compra de garrafa térmica criogénica, equipamento de inseminação, sémen bovino, azoto e custo do serviço por vaca. O investimento atual por vaca é de $11.192,50 pesos MN. Este investimento resulta na necessidade de produzir mais 2.254 litros por vaca para pagar o investimento. Teriam que aumentar as vacas por lactação em 7.389 litros de leite a mais se o pagamento fosse feito num ano e com capital próprio; assumindo o apoio do governo para estas unidades de produção e amortizando em 3 anos, torna o investimento viável com uma mistura de recursos. Considerando que os produtores são responsáveis pela formação e realização das actividades correspondentes a cada tecnologia proposta por eles próprios, com base no exercício previamente estabelecido. Acompanhamento dos animais através de registos produtivos e económicos.

Análise da comparação

Comparar os investimentos e os retornos dos processos de trabalho ideais e actuais, apoiando o processo de análise da informação, de modo a que os intervenientes identifiquem os benefícios da mudança, bem como os desafios que devem ser enfrentados e ultrapassados para concretizar os benefícios económicos,

e ambientais que permitirão melhorar a competitividade. Os produtores presentes na reunião aperceberam-se de que as suas empresas são atualmente muito frágeis do ponto de vista financeiro e que muitos deles estão a perder dinheiro. O facto de possuírem uma certa quantidade de terras agrícolas permite-lhes subsidiar a exploração leiteira. Muitas vezes, a quantidade de leite cobre apenas os custos de funcionamento relacionados com a alimentação e, por conseguinte, perdem a capacidade de substituir a vaca abatida ou os activos de que dispõem atualmente.

Identificação de inovações nos processos de trabalho para responder às exigências do mercado-alvo.

A comparação entre os processos "ideal" e "real" permite determinar quais as actividades do processo de trabalho que são realizadas mas que devem ser melhoradas e quais as que devem ser incorporadas.

Tabela 49. Identificação das mudanças necessárias nos processos de trabalho da cadeia produtiva do <u>leite de vaca em Delicias, Chihuahua</u>.

A.- O QUE É QUE EU FAÇO?	B.- O QUE FAZER?	C.- COMO?
Alimentar a vaca diariamente de manhã e à noite.	Alimentar a vaca de acordo com as suas necessidades em termos de produção de leite e de dias de leite.	Analisar a dieta atual e reformular, se necessário, com base nas informações dos registos de produção.
Oferecer água	Limpar corretamente os bebedouros com frequência	Utilizando uma escova de fibras duras, sabão e

A.- O QUE É QUE EU FAÇO?	B.- O QUE FAZER?	C.- eCOMO?
	e fornecer água limpa aos animais	desinfetante, enxaguar e encher os bebedouros com água limpa e de qualidade.
Espaço 6 m2 / vaca	Proporcionar um espaço adequado por vaca nos estábulos livres.	Conceção de abrigos e coberturas de sombreamento para os tornar confortáveis.
Verificar os aquecimentos	Deteção de cios em vacas e novilhas	Detetar aquecimentos diários à mesma hora, às 7h e às 19h, com 30 minutos de observação por período.
Bale a vaca	Levar a vaca após o período de espera voluntário e a novilha a um peso e altura aceitáveis.	Manutenção de registos produtivos e reprodutivos de vacas e novilhas e estabelecimento de datas para a programação da sincronização do estro ou da ovulação e inseminação
Auscultação do trato reprodutor	Diagnóstico de gravidez	Com base no registo e no seu horário previsto por data, reveja 35 dias após o serviço e recolha as informações obtidas; no caso de estar vazio, reprograme-o e tente servi-lo o mais rapidamente possível.
Se a vaca ou a novilha está parida, programar a data de secagem e a data do parto.	A vaca ou a novilha está prenhe? Marque a data de secagem e a data do parto no caso das novilhas no seu diário de bordo	Introduzir as informações de diagnóstico, programar e registar a data de secagem e de parto, no caso da novilha.
Palpação externa para secar a vaca.	Palpar aos 7 meses de gestação, se o animal ainda estiver prenhe, realizar as actividades de gestão correspondentes.	Diagnosticar por via rectal e testar a mastite e, se for negativo, programar a secagem imediata.
Secar a vaca	Secagem da vaca aos meses de gestação	Marcar para não reordenar

A.- O QUE É QUE EU FAÇO?	B.- O QUE FAZER?	C.- eCOMO?
	quando se verificar previamente que o animal ainda está prenhe na idade fetal correspondente.	depois de ter aplicado antibiótico intramamário em cada mamilo, vitaminas por via intramuscular e vacinação com vírus morto.
Alimentar a vaca seca	Avaliar a dieta atual e, se forem detectadas deficiências, reformular e alimentar com base nas recomendações	Com base nos ingredientes propostos, estimar se estes satisfazem as necessidades diárias dos animais e se é necessária uma

		reformulação para ajustar os ingredientes.
Detecta que a vaca é panda e deixa a cria com a mãe durante três dias.	Supervisionar o parto e, aquando do nascimento, cuidar do vitelo, levá-lo para um compartimento individual e oferecer-lhe 4 litros de colostro de boa qualidade nas duas horas seguintes ao nascimento.	Estar atento ao parto e intervir se necessário, limpar o vitelo e massajá-lo, levá-lo para um compartimento individual, identificar o vitelo e anotar as informações sobre o parto e a abertura de um cartão para o novo vitelo no caso de um vitelo novilho e oferecer 4 litros de colostro de boa qualidade a uma temperatura de 3 graus Celsius.
Controlo da vaca após o parto	Controlar diariamente a vaca no pós-parto durante 10 dias, observando a dinâmica alimentar, obtendo constantes fisiológicas, verificando o enchimento do úbere, os resíduos uterinos, a sujidade nas pontas das ancas, verificando a qualidade do muco e a taxa de desidratação. Descalcificação diária. A observação é mantida.	Encurralar o animal e, com estetoscópio e termómetro, palpação e luvas de látex, auscultar o útero da vaca. Verificar se a vaca está a comer, se tem um bom enchimento ruminal.
Encomenda da vaca após três dias de parto	A vaca é colocada na linha de triagem.	É levado para o curral de frescos e duas vezes por dia para a sala de triagem onde o empregado aplica a rotina de triagem.
Se for uma fêmea, leve a cria para um recinto com outras crias.	Recomenda-se colocar o vitelo num compartimento individual para lhe oferecer a ração inicial recomendada para vitelos e água; oferecer diariamente, em duas mamadas, pelo menos 4 litros de leite por dia a uma temperatura de 37 graus Celsius.	Apenas transferindo-o para o seu local correspondente, onde foi previamente avaliado e a sua informação foi captada.
Alimentar o recém-nascido diariamente	Alimentar com leite (pelo menos 4 litros por dia) em duas refeições de manhã e à tarde; oferecer uma ração sólida e água limpa.	Utilizar garrafas limpas, baldes de plástico para oferecer a ração de arranque ao vitelo e, noutro balde, água limpa.
Oferece forragem de má	Oferecer apenas como	Colocar diariamente o

qualidade à disposição do vitelo durante a lactação.	concentrado de arranque para vitelos e durante a lactação.	concentrado diário e mudar a água, lavando previamente o recipiente da água e, se o recipiente do concentrado estiver sujo, lavá-lo.
Oferecer água diariamente	Verifique se o vitelo está bem e retire a água do dia anterior, lave o recipiente e coloque-o em água limpa.	Utilizando uma mangueira ou outro balde para transferir a água, lavar os recipientes de água no local apropriado.
Ele faz uma supervisão no momento em que oferece o leite.	Avaliar os recém-nascidos diariamente aquando da oferta de alimentos líquidos, sólidos ou água. Quaisquer anomalias devem ser tratadas o mais rapidamente possível.	Por observação
Desmame aos 90 dias de idade	Verificar a data de desmame do bezerro e uma semana antes, iniciar a retirada do leite (50%) e observar o consumo de alimentos sólidos e se o consumo for superior a 800 gramas por dia durante 3 dias consecutivos, proceder ao desmame.	O livro de registo e a data de desmame são verificados no curral e as vacas são transferidas para outro curral próximo, aplicando-se as vacinas correspondentes à raça.
Continuar a oferecer forragem de baixa qualidade durante o período pós-desmame (6 a 12 meses) utilizando um regime alimentar único.	Oferecer forragem de boa qualidade e desenvolvimento de concentrado com base no seu peso e no ganho diário recomendado para criar a sua fórmula.	Utilizar as tabelas NRC e conhecer os ingredientes adequados para compor a dieta
Oferece água de má qualidade nas piscinas	Fornecer água de boa qualidade em recipientes limpos e, caso contrário, lavá-los cuidadosamente.	Lavar os recipientes com uma escova de cerdas duras, sabão e desinfetante, enxaguar e encher com água limpa, manter frequentemente.
Solicitar ao SINIIGA o areado para os incrementos.	Dirigir-se aos escritórios correspondentes para comprar os brincos e pedir ao técnico que os vá buscar mais tarde para os colocar em cada animal que não tenha a sua identificação correspondente.	Os brincos são pagos no gabinete correspondente e os serviços do técnico de brincos.
Uncorna, e areta com brinco SINIIGA aos 6 meses	Efectua a prática de maneio de vitelos, identificando, vacinando, analisando	Trabalho de campo com material de vacinação, vitaminado, sacos de recolha

	coproparasitologicamente, calçando e avaliando cada animal.	de amostras fecais, utilização de ferro de queimar.
Mantém o desenvolvimento de vitelos com dietas pobres em nutrientes (12 meses)	Fornecer dietas adequadas para os vitelos, formuladas de acordo com as suas necessidades.	Efetuar cálculos num programa informático ou manualmente, utilizando tabelas
A.- O QUE É QUE EU FAÇO? **B.- O QUE É QUE EU DEVO FAZER?** **C.- COMO?**		
a 24 meses)	manutenção e aumento de	do NRC.
Continua a oferecer água de baixa qualidade em	Fornecer água de boa qualidade em recipientes	Limpar os contentores e assegurar a manutenção
Procriação com touros ou, nalguns casos.	Manter dietas adequadas para que as substitutas se	Fornecer dietas adequadas com base nas suas
Entrega de leite contaminado ou acima da	Entregar o leite utilizando a cadeia de frio adequada para	Utilizar um veículo em bom estado com um frasco térmico

Fonte. Elaboração própria, trabalho de campo 2016.

A comparação entre o "ideal" e o "real" permite identificar as inovações a implementar: tecnologias a incorporar, práticas organizacionais a promover, mecanismos de financiamento a gerir, estratégias de marketing a desenvolver, etc.

Indicadores previstos para a melhoria da competitividade, a curto, médio e longo prazo.

As informações obtidas a partir do conhecimento das necessidades do mercado-alvo e das demandas que ele possui, bem como o mapeamento da cadeia de valor com a análise das informações obtidas nos processos de trabalho, A comparação entre os trabalhos atualmente realizados nas empresas e o ideal estabelecido mostrou uma lacuna que oferece e ao mesmo tempo representa para os atores um insumo básico para que eles trabalhem na identificação de indicadores que lhes permitam verificar ao longo do tempo se as melhorias ou inovações tecnológicas que forem incorporadas aos processos de trabalho contribuirão para dar ou aumentar a competitividade da cadeia. Este processo será estabelecido no momento em que os extensionistas desenvolvem as tecnologias que os produtores definem e, a seu tempo, estabelecerão os indicadores e as formas de os estimar quando apresentarem os resultados dos impactos produtivos, económicos e sociais.

Em seguida, são apresentadas as séries de tecnologias que foram propostas pelos produtores para serem desenvolvidas no próximo exercício de continuidade do serviço de extensão aos pequenos produtores.

Tabela 50: Proposta de tecnologias pecuárias em bovinos leiteiros para os serviços de extensão rural a curto, médio e longo prazo (C, M, L).   **A proposta de tecnologias pecuárias em gado leiteiro para os serviços de extensão rural a curto, médio e longo prazo (C, M, L).**

Lista das tecnologias a incorporar	Tempo	Lista de práticas organizacionais a encorajar
Seleção dos animais com base no seu mérito genético	C	Associações de produtores para facilitar as compras e vendas consolidadas e o financiamento.
Redução da prevalência de Leptospira, neo esporos, TB e BR em explorações leiteiras.	C	Conceção de uma logística de recolha de leite em centros estrategicamente localizados em agrupamentos organizados de

108

		produtores no território.
Gestão estratégica da alimentação em vacas leiteiras em produção e em vacas secas	M	Conceção e adoção de normas para a recolha, transporte e entrega de leite nos centros de recolha da LICONSA ou nas Sociedades de Produção Rural.
Compras consolidadas para reduzir os custos de produção	L	
Formulação de concentrados para bovinos leiteiros no estábulo.	L	
Obtenção de silagem de alta qualidade para reduzir os custos de produção e o litro de leite produzido.	C	
Bebedouros e fontes de água adequados para não limitar o consumo e para melhorar a ingestão de matéria seca no estábulo.	C	
Gestão estratégica das vacas em produção para obter e comercializar leite de qualidade.	C	
Utilização de protocolos de vacinação adequados à zona ou território para reduzir as perdas de animais durante a reprodução de substituição.	C	
Produção de correctivos do solo por compostagem de excrementos de bovinos	M	
Gestão da vaca no pré-parto e Calostreo criação assertiva à nascença para reforçar o seu sistema imunitário	C	
Acompanhamento e observação do gado para um diagnóstico assertivo e um tratamento atempado.	L	
Arete SINIIGA para identificação e deslocação do gado.	C	
Gestão da produção e registos económicos para uma tomada de decisão assertiva.	L	
Utilização da Inseminação Artificial como ferramenta na reprodução, saúde animal e melhoramento genético no sector leiteiro.	L	
O diagnóstico de gravidez como ferramenta para a monitorização reprodutiva pós-parto, sincronização do cio, inseminação, deteção pré-natal e secagem de vacas leiteiras.	M	
Maneio peri-parto de vacas leiteiras.	L	
Indução das contracções hormonais do estro ou da ovulação num determinado momento.	L	
Utilização de compostos hormonais para a indução da lactação em vacas problemáticas.	L	
Manuseamento correto da vaca no momento da secagem.	C	
Maneio do vitelo no parto e durante a	L	

lactação para obter um vitelo saudável ao desmame.	
Associativismo dos produtores para facilitar as compras e vendas consolidadas e o financiamento.	L
A utilização de fontes de energia renováveis alternativas para reduzir os custos de produção na empresa.	M

Fonte. Elaboração própria, trabalho de campo 2016.

Definição dos critérios de competitividade

Para tornar o sector leiteiro mais competitivo, será necessário melhorar os processos de produção de leite, o manuseamento durante e após o processo de encomenda do leite, o transporte e a entrega nos centros de recolha pertinentes. O volume estimado de leite a ser manuseado para comercialização é aumentar de 13 para 22 litros de leite por vaca por dia durante a lactação e reduzir os custos de produção por litro de leite em pelo menos 35 cêntimos, utilizando melhores dietas, mas com maiores impactos na produção de leite, especialmente preparando as vacas em desafio para uma melhor lactação e apoiando essas vacas nos 100 dias pós-parto. Além disso, fechar as vacas abertas e estabelecer estratégias e acções para evitar que se abram demasiado. Conseguir preços pelo menos 10% menores para os insumos adquiridos de forma consolidada.

É necessário consegui-lo para melhorar os critérios de competitividade, que no final são os objectivos procurados pelos produtores com a participação de outros actores da cadeia ou de actores externos. É o caso de novos mercados-alvo, instituições que fornecem subsídios, crédito, etc.

Calendário dos critérios de competitividade e respectivos indicadores.

Os critérios estabelecidos para a competitividade estão dispostos na tabela acima sobre a lista de tecnologias: curto prazo (um ano), médio prazo (2 a 3 anos) e longo prazo (mais de três anos). Os produtores estão cientes dessa temporalidade, pois será necessário primeiro buscar parcerias e paralelamente o trabalho de implantação de inovações tecnológicas, principalmente as de menor custo e alto impacto para começar a ver resultados.

A evolução e o alcance dos impactos serão dados a conhecer no final do serviço, quando estiverem disponíveis os resultados, uns parciais e outros finais, obtidos com a informação obtida no terreno junto dos produtores e técnicos.

Calendário das inovações e respectivos indicadores

Uma vez estabelecidos os critérios de competitividade, foram retomadas as inovações identificadas para estabelecer o tempo necessário para as incorporar e conseguir a adoção total dos processos de trabalho que implicam as inovações correspondentes, bem como a identificação dos indicadores, que oportunamente serão estabelecidos pelos técnicos dos seus serviços, que permitirão verificar os avanços.

CAPÍTULO VII

AGENDA BOVINA - MOCTEZUMA, SONORA

Este documento é o resultado da participação e do trabalho dos actores envolvidos na cadeia identificada como prioritária no GEIT 143 Moctezuma, Sonora, nas reuniões de trabalho que foram realizadas. Nas reuniões de trabalho, os participantes foram os extensionistas contratados no Programa de Apoio ao Pequeno Produtor, os produtores beneficiados pelo componente Extensionismo do mesmo Programa, pesquisadores e representantes do Governo Estadual e Federal; contribuindo com suas experiências, conhecimentos e informações para a formulação da presente Agenda de Inovação.

A metodologia implementada é a proposta pelo Instituto Nacional para o Desenvolvimento de Capacidades no Sector Rural (INCA) no âmbito das orientações estabelecidas na Norma EC0818. O objetivo da metodologia utilizada é identificar a inovação que melhora a competitividade das cadeias agroalimentares que contribuem para o desenvolvimento social, económico e ambiental do território identificado (INCA Rural, 2016).

O mapeamento da cadeia, a identificação do mercado-alvo, a identificação da inovação, a gestão da inovação e a estratégia de gestão da inovação são os temas abordados neste documento.

A cadeia de valor identificada no GEIT 143 Montezuma é a produção de vitelos para venda no casco, entregues à porta da exploração aos criadores. Esta cadeia foi determinada pelo tipo de produtores que são servidos pelos extensionistas contratados, cuja principal fonte de rendimento é a venda de vitelos vivos.

OBJECTIVO.

O objetivo deste documento é fornecer ao produtor ferramentas, conhecimentos e, sobretudo, competências para que possa desenvolver-se ao longo do tempo e trabalhar em equipa com os principais intervenientes na cadeia, aconselhamento e apoio de instituições e agências para que possa melhorar a sua atividade produtiva, melhorando os seus processos de produção com a infraestrutura de que dispõe e incorporando inovações para melhorar e aceder a novos segmentos de mercado dentro da cadeia da carne de bovino.

CRIAÇÃO DE GADO BOVINO E DE CARNE DE BOVINO NO DISTRITO 143 DE MONTEZUMA.

A DDR 143 Moctezuma situa-se no nordeste do Estado, pertencendo-lhe os municípios de Bacadehuachi, Bacerac, Bavispe, Cumpas, Divisaderos, Granados, Huachineras, Huasabas, Moctezuma, Nacori Chico, Tepache e Villa Hidalgo.

A tabela 1 a seguir descreve a área alocada de acordo com os diferentes usos do solo e vegetação da DDR 143 Moctezuma (SAGARHPA 2016).

Tabela 51. Área de superfície da DDR 143 Moctezuma.

ÁREA AGRÍCOLA (Has)			SUPERFÍCIE DE GADO (Hectares)				OUTROS (Tem)	TOTAL
IRRIGAÇÃO	TEMPORAL	TOTAL	AGOSTADERO	PRADERA	TOTAL			
8,	5635,	08513,	6481,534,	84025,	4631,560,		30313,	3531,587,304

Nota: A área de outros usos refere-se a massas de água e zonas urbanas.

Fonte: INEGI 2005.-Direccion General de Estad^sticas Economicas (Uso del Suelo y Vegetacion). SAGARPA: Distritos de Desenvolvimento Rural.

Integração: SAGARPA - Subdelegacion de Planeacion y Desarrollo Rural e SNIDRUS.

Os dados do inventário pecuário disponibilizados pelo site do SINNIGA são apresentados na tabela 52, de acordo com o número de UPPs e de bovinos cadastrados no banco de dados.

Tabela 52. Estatísticas de efectivos bovinos da PGN.

#	Município	UPP	Úteros	Novilhas	Garanhões	Crias Femenino	Crias Masculino	Vitelos	Bois
1	Bacadehuachi	215	9513	2065	966	1721	594	2853	
	Bacerac		6088	1520	495	1459	527	1109	26
	Bavispe		7663	1561	497	1298	434	1315	40
	Cumpas	572	18640	4643	1068	4263	1526	1909	104
5	Divisores	110	6136	1513	387	1579	483	408	
	Granados	115	5972	739	517	697	87	1396	
	Huachinera	169	7566	1543	638	1653	753	1646	26
8	Huasabas	203	6562	1210	510	1125	362	1639	
	Montezuma	386	18266	3993	1461	3916	1084	2396	
1 0	Nacori Chico	396	21798	4127	2039	3453	1915	4718	
1 1	Tepache	107	4693	962	262	781		990	5
1	Vila Hidalgo		8438	1756	647	1467	636	1410	51
	Total	**2866**	**121335**	**25632**	**9487**	**23412**	**8463**	**21789**	**549**

Dados actualizados em 9 de novembro de 2016.

O quadro 53 apresenta a produção em toneladas das diferentes espécies, o preço médio e o valor da produção no final de 2015 (SIAP 2017).

Tabela 53. Produção, preço, valor, animais abatidos e peso 2015.

Produto/Espécie	Produção (toneladas)	Preço (pesos por quilograma)	Valor da produção (milhares de pesos)	Animais abatidos (cabeças)	Peso (quilogramas)
GADO A PÉ					
GADO	11,704	56.18	657,548		249
SUÍNOS		21.32	318		113
OVINOS	5	22.59	104		45
GOAT		21.32			45
SUBTOTAL	11,727		658,034		
CARNE EM CARCAÇA					
GADO	6,218	114.3	710,915	46,920	133
SUÍNOS		31.34	338	132	82
OVINOS		46.81	108	102	23
GOAT		45.6	69	67	23
SUBTOTAL	6,233		711,429		
LEITE					
GADO	793	6.21	4,922		
SUBTOTAL	793		4,922		
OUTROS PRODUTOS					
MEL	5	42.47	217		
	■ 1				

SUBTOTAL	217
TOTAL	**716,568**

Aves de capoeira: Refere-se aos frangos, galinhas leves e pesadas que completaram o seu ciclo produtivo.

Leite: Produção em milhares de litros e preço em pesos por litro.

Os subtotais e o total podem não corresponder devido a arredondamentos. O valor total não inclui o valor em pé, uma vez que este está incluído no valor da produção de carne.

Fonte: Servicio de Informacion Agroalimentaria y Pesquera (SIAP 2017).

IDENTIFICAR INOVAÇÕES PARA MELHORAR A COMPETITIVIDADE.

Membros do GEIT 143 Montezuma envolvidos na análise da cadeia.

Os actores envolvidos (Quadro 54) no desenvolvimento deste trabalho correspondem aos Extensionistas contratados no âmbito do Programa de Apoio aos Pequenos Produtores na Componente Extensionismo, aos produtores que recebem apoio de assistência técnica e formação dos Extensionistas contratados, alguns Investigadores com presença na região que trabalham no Instituto Nacional de Investigações Florestais, Agrícolas e Pecuárias (INIFAP), o Coordenador de Extensionistas da Serra de Sonora, a participação do representante do Sistema Nacional de Formação e Assistência Técnica Integral (SENACATRI) e a intervenção dos Formadores do Centro de Extensão e Inovação Rural da Região Noroeste (CEIR Noroeste).

Tabela 54. Actores envolvidos na análise da cadeia de valor.

TIPO DE ATOR		
	- Carlos Samuel Monge Arvizu - Adrian Miranda Guerrero - Julio Sanchez Lopez - José Maria Aguilar Ramfrez - José Manuel Meza Coronado - Ramon Enrique Cordova Chavez - Juan Carlos Urias Chomina - Rafael Armando Ruiz Ballesteros - Luis Carlos Santacruz Yanez - Reyes Miranda Vazquez - Israel Montano Yanez - António Castillo Villarreal	Produtores
	- Ana Patricia Bustamante Arvizu - Angelica Maria Cordova Hernandez - Carlos Leonel Santacruz Montano - Denisse Marisol Leon Campillo - Eliana Guadalupe Cordova Valencia - Eva Galindo Mora - Flora Guadalupe Laborin Sivirian - Francisco Arturo Garda Gutierrez - Gabriela Maria Leon Alemão - Jennifer Lilian Miranda Castro - Jesus Antonio Moreno Leyva - Jesus Arturo Mazon Nevarez - Jesus Arturo Romero Rodriguez - Jesus Servando Armenta Ceboa - José Arturo Ortega Renteria	Extensionistas

	- José Alberto Garda Fimbres - Lilia Maria Galicia Gutierrez - Luis Mario Sivirian Galaz - Petra Faviola Guzman Marrinez - Raul Rafael Acuna Montano - Rey Jesus Fimbres Olivas - Saul Arnulfo Siqueiros Osorio	
5	- Ivon Navarro Gomez - Teodoro Cervantes Mendivil - Martha Elva German Sanchez - Sonia Judith Gamez Pinon - Manuel Cuadras Castro	- Coordenador Distrital - Coordenador INIFAP - Coordenador SENACATRI - Formador CEIR Noroeste - Formador CEIR Noroeste

Fonte. Elaboração própria, trabalho de campo 2016.

Os encontros realizados (Quadro 5), com início em setembro e conclusão em dezembro de 2016, tiveram dois locais: as instalações da DDR 143 Moctezuma e as instalações da Asociacion Ganadera Local de Moctezuma (Associação Pecuária Local de Moctezuma). As reuniões foram realizadas no âmbito do programa proposto pelo Governo do Estado, uma reunião mensal.

Tabela *55*: Reuniões realizadas para analisar a cadeia de valor e gerar a agenda de inovação.

TEMA	DATA	PARTICIPANTES			. TEMPO	
		EXTENSIONISTAS	PRODUTORES	OUTROS PARTICIPANTES	INÍCIO	TERMO
Identificação do mercado-alvo e da inovação	20/09/2016			5	09:45	**14:18**
Viabilidade das inovações	14/10/2016		5		09:15	14:20
Gestão da inovação	11/11/2016				09:30	**14:20**
Acompanhamento da gestão das inovações	08/12/2016				11:10	16:15

Fonte. Elaboração própria, trabalho de campo 2016.

Organização dos produtores e cartografia da cadeia de valor.

Seguindo a metodologia proposta pelo INCA Rural (2016) e pela EC0818 (anteriormente 0489), o primeiro workshop realizado com as partes interessadas no DDR 143 Moctezuma tinha vários objectivos:

a. Aplicar a abordagem da cadeia de valor no processo de identificação de inovações para melhoria da competitividade.

b. Descrever as características do produto ou serviço que está a ser comercializado junto dos clientes.

c. Identificar a cadeia de valor, as funções produtivas e os produtos que cada elo da cadeia gera.

d. Caracterizar o mercado-alvo a que aspiram os objectos de atenção (produtores).

Organização de produtores.
Para começar com a análise da cadeia, a identificação dos produtores como agentes dinâmicos da cadeia de valor da carne de bovino é da maior importância,
pois é uma das estratégias utilizadas para levar os produtores a analisar a sua situação e a verem-se como parte de uma cadeia de valor.
O resultado é que os produtores se apercebem da sua posição na cadeia e identificam o elo a que pertencem, bem como os serviços e produtos gerados pelos outros elos.
Os produtores presentes foram identificados como: A.M.G. e J.S.L., produtores de gado de corte, C.S.M.A., produtor de gado de dupla finalidade.
Referiram o que produzem os seus efectivos de produção: vitelos com um peso médio de 180 kg, novilhas com um peso médio de 170 kg, vacas e touros de reforma das raças Brangus Black, Charolês, Limousine, Simbrah, Gelbvieh. Vendendo os vitelos e as novilhas com uma idade média de 6 a 8 meses, um dos produtores obtém queijo fresco regional, 50 kg por semana, que vende ao público em geral a 60,00 € por quilograma.
Mencionaram os compradores dos seus produtos: vitelos de intermediários (Coyotes) e de estábulos: vários particulares e o leilão da Union Ganadera Regional de Sonora. Os vitelos para consumo nacional destinam-se a Engordas como Ganadena Contreras, Rancho el 17, Su Carne, compradores particulares, Procapson e Cedasa. Os compradores de vitelos e vitelas para exportação são vários particulares. As vacas de reforma e os touros são vendidos às carnecenas (Llano Grande, Mezquital, El Compa Guiri, R. A.) e à S.D. para a produção de carne de machaca. A venda de queijo fresco é feita diretamente ao consumidor, em casa do produtor.
Mapeamento da cadeia de valor.
O mapeamento da cadeia representa a oportunidade de os produtores localizarem o elo ao qual pertencem (INCA Rural, 2016), de modo que possam identificar os processos pelos quais o bezerro que produzem passa até chegar ao consumidor final.
O mapeamento da cadeia permite ao produtor ter uma visualização das funções e produtos gerados por cada elo e analisar onde tem impacto na cadeia de valor. No final, o objetivo é que o produtor seja capaz de identificar as funções, os produtos e os actores que mobilizam a cadeia.

Figura 16: Mapeamento da cadeia de valor da carne de bovino do GEIT 143 Montezuma.

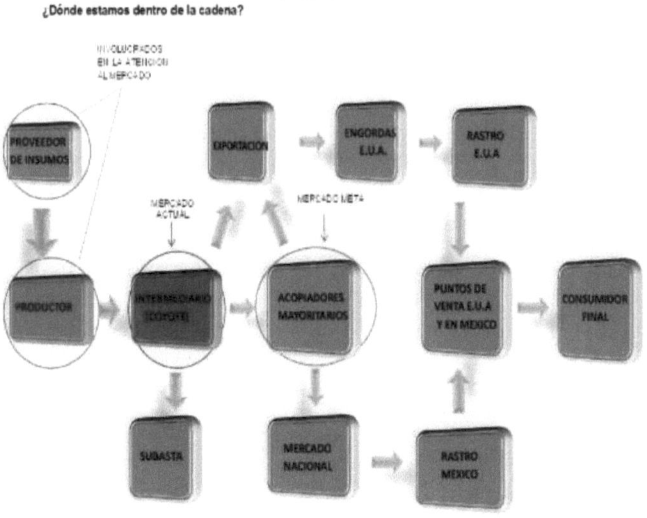

Fonte. Elaboração própria, trabalho de campo 2016.

No exercício, os participantes do workshop identificam as ligações, com o objetivo de mostrar o percurso desde a produção do vitelo até o produto chegar ao consumidor final. De acordo com os produtores, os elos em que estão envolvidos são: Fornecedores de insumos e como Produtores

Os produtores não se esquecem de mencionar os recursos naturais como parte do elo fornecedor, fornecendo as matérias-primas necessárias para que a atividade pecuária tenha lugar em primeiro lugar. O Quadro 56 mostra os produtos que cada elo da cadeia de valor produz.

Tabela 56. Produtos da cadeia.

FORNECEDOR DE ENTRADAS	PRODUTOR	INTERMEDIÁRIO COYOTE	ACOPIERS MAIORIA	EXPORTAÇÃO	ENGORDA 0 RASTREAR REPOSTAR		PONTOS PARA VENDA	DESTINO FINAL
Forragens Fardos de alfafa sorgo. Aconselhamento técnico medicamentos ferramentas Vitaminas y desparasitantes, combustível.	Vitelos (a) 170-180 kg Vacas y touros resíduos. Queijo fresco	Vitelos 170-180 kg Vacas y touros de resíduos.	Bons vitelos características desejável para o mercado exportar y nacional. Vacas y touros de boas características para venda	Bezerros que cumprir o normativo em vigor que permite a sua exportação	Animações terminado para abate	Canais y viseiras y peles	Cortes	Dinheiro para o produto

Fonte. Elaboração própria, trabalho de campo 2016.

Fonte. Elaboração própria, trabalho de campo 2016.

Uma vez identificados os agentes que mobilizam a cadeia, ou seja, os fornecedores locais de factores de produção, os produtores, os intermediários, os armazenistas, os exportadores, os engordadores, os matadouros, os matadouros, os pontos de venda e os consumidores finais, importa descrever as funções que cada elo desempenha (Figura 3).

Tabela 57. Funções das partes interessadas.

FORNECEDOR DE FACTORES DE PRODUÇÃO	PRODUTOR	INTERMEDIÁRIO COYOTE	ACOPIERS MAIORIA	EXPORTAÇÃO	ENGORDAO REPOSTAR	RASTREAR	PONTOS PARA VENDA	DESTINO FINAL
Disponibilidade do produto o produtor continua a ser o produtor.	Vitelos (a) 170-180 kg Vacas y touros de reforma.	Vitelos (a) 170-180 kg Vacas y touros de reforma.	Vitelos com boas características desejável para o mercado do abate exportação y em nacional. permite a sua exportação Vacas e touros com boas características para venda	Os vitelos que satisfazem as vigor que	Animais acabados	Abate de vacas, touros para transformação de carcaças	Cortes	Dinheiro para o produto

Fonte. Elaboração própria, trabalho de campo 2016.

Fonte. Elaboração própria, trabalho de campo 2016.

É muito importante conhecer os actores pelo nome em cada ligação, a fim de identificar e personalizar o seu mercado-alvo (quadro 58).

Tabela 58. Actores da cadeia.

FORNECEDOR DE FACTORES DE PRODUÇÃO	PRODUTOR	INTERMEDIÁRIO COYOTE	ARMAZENADORES MAIORITÁRIOS	EXPORTAÇÃO	ENGORDA 0 ENGORDA 0 ENGORDA	RASTREAR	PONTOS DE VENDA	DESTINO FINAL
RECURSOS NATURAIS Água, Solo, Clima, Fauna y Flora Ferreterla Agropecuaria SOCOGOS Assistência técnica Miguel Angel Barcelo PEMEX	Pequenos produtores: Adrian Miranda Guerrero, Julio Sanchez Lopez, Carlos Samuel Monge Arvizu	Leonel, René Montano, Jesus Moreno Teran, Koki Barcelo	Cosme Elias Barcelo, Noe Barcelo, Vinicio Durazo, Daniel Moreno, Jaime Barcelo, Raul abril	Ernesto Luzania, Claudio Trahin, Ricardo Ochoa, Juan Ochoa, McDonald	A vossa carne, Contreras, Rancho 17, Cedasa, Procapson Cactus, Gilaven, Morales	Municipal, estatal, TIF	Super del Norte, Ley, Bodega Aurrera, Carnicerias	Consumidor

Fonte. Elaboração própria, trabalho de campo 2016.

Uma vez descritas as funções, os produtos e os actores de cada ligação, os produtores analisam o mercado-alvo que podem atingir ou a que podem aceder.

Mercado-alvo.

Os produtores, com o apoio dos outros intervenientes no workshop, identificaram o mercado-alvo, conhecendo o destino ideal para o seu produto. O mercado alvo proposto pelos produtores são os colectores:

- Jaime Barcelo (granados a 48 km de Montezuma)
- Daniel Moreno (Montezuma)
- Ramon Rios (Villa Hidalgo a 70 km de Montezuma)
- Raul abril (Cumpas a 30 km de Montezuma)

Depois de identificar o mercado-alvo, é necessário ver quais as condições e características necessárias para a compra do produto (Quadro 59).

Tabela 59. Características e condições do mercado-alvo.

CARACTERÍSTICAS	CONDIÇÕES
CASTRADOS	LEVÁ-LOS PARA AS CANETAS DO COMPRADOR
SAUDÁVEL	BRINCO SINIIGA, FERRADURAS, SINAL DE SANGUE
PESO UNIFORME	FACTURA
RAÇAS NÃO LEITEIRAS (HOLSTEIN, BROWN SWISS, JERSEY)	GUIA DE TRÂNSITO
RAÇAS EUROPEIAS (CHAROLAIS, LIMOUSIN, ANGUS, HEREFORD, ETC.)	NÃO HÁ VITELOS LEPROSOS (VITELOS PEQUENOS COM MENOS DE 100 KG)
	NÃO TER VITELOS PESADOS (MAIS DE 250 KG)
	A PRANCHA COMEÇA EM 150 KG

Fonte. Elaboração própria, trabalho de campo 2016.

É efectuada uma comparação entre o produto produzido e as exigências do mercado-alvo (Quadro 60). Identificar inovações nos processos de trabalho para satisfazer as exigências do mercado-alvo.

Quadro 60: Produto atual *vs.* produto procurado pelo mercado-alvo

CARACTERÍSTICAS ACTUAIS DO PRODUTO	CARACTERÍSTICAS EXIGIDAS PELO MERCADO
VITELOS COM UM PESO COMPREENDIDO ENTRE 160 E 200 KG	VITELOS COM PESOS UNIFORMES
RAÇAS EUROPEIAS E SEUS CRUZAMENTOS (CHAROLAIS, LIMOUSIN, GELBVIEH, SIMBRAH, BLACK BRANGUS)	RAÇAS EUROPEIAS E SEUS CRUZAMENTOS (CHAROLAIS, LIMOUSIN, GELBVIEH, SIMBRAH, BLACK BRANGUS)
A MAIORIA CASTRA OS VITELOS	CASTRADO E SAUDÁVEL
FERRADURAS, BRINCO SINIIGA, SINAL DE SANGUE, SINAL DE SANGUE	FERRADURAS, BRINCO SINIIGA, SINAL DE SANGUE, SINAL DE SANGUE
ALGUMAS PESSOAS DOENTES ENTREGAM-SE (NUVEM NO OLHO, ALEIJADOS, DOENTES, ETC.)	CONHECIMENTO DE EMBARQUE, FACTURA
	ENTREGÁ-LOS NOS ESTALEIROS DO COMPRADOR

Fonte. Elaboração própria, trabalho de campo 2016.

Uma vez identificadas as diferenças entre o produto atual e o que o mercado alvo exige, os produtores, os extensionistas e os investigadores do INIFAP propõem a realização de uma série de actividades para satisfazer a procura do mercado alvo (Quadro 61).

Tabela 61. Actividades para satisfazer as exigências do mercado-alvo.

| ^^^^^^^^^^^^^^^^^^^KASTVIDADE^^^^^^^^^^^^^^^^^^^^ | Lotação de gado (carregado, vazio, novilhas, etc.) |

Testes de fertilidade de touros
Desmame temporário
Inseminação artificial
Utilização de touros de registo
Despejo de vacas e touros improdutivos
Elaboração de rações para suplementação no desmame precoce
Hora do parto programado
Ajustamento do fator de densidade dos animais
Suplementação específica em função da época do ano e da fisiologia animal

Fonte. Elaboração própria. trabaio de campo 2016.

Fonte. Elaboração própria, trabalho de campo 2016.

Processo de trabalho.

Uma vez identificadas as actividades para satisfazer a procura do mercado alvo, procede-se à identificação dos processos de trabalho associados às características e condições do mercado alvo. Com o objetivo de que os produtores e os extensionistas possam identificar o processo associado a cada caraterística e condição (Tabela 62).

Tabela 62. Processos associados ao produto procurado pelo mercado-alvo.

CARACTERÍSTICAS E CONDIÇÕES DO PRODUTO PROCURADO PELO MERCADO	PROCESSO ASSOCIADO
Bezerros com pesos uniformes	Processo de reprodução
Raças europeias e seus cruzamentos (Charolês, Limousine, Gelbvieh, Simbrah, Black Brangus)	Seleção de substitutos
Castrado e saudável	Gestão do efetivo pecuário e prevenção de doenças
Herrados, SINIIGA marca auricular, marca de sangue	Gestão do gado
Seguro de trânsito, fatura	Administrativo
Entregá-los nos estaleiros do comprador	Logística (transportes)

Fonte. Elaboração própria, trabalho de campo 2016.

O passo seguinte é a descrição de cada uma das actividades realizadas pelos actores nos processos de trabalho que estão envolvidos na obtenção de bens ou serviços para o mercado alvo. Os produtores acompanhados pelo seu extensionista elaboram uma descrição das actividades que realizam para produzir os produtos que vendem (Quadro 63).

Tabela 63. Processos de trabalho actuais.

O que é que eu faço?	Como é que o faço?	O que é que eu uso?	Que quantidade devo utilizar?	eQuanto custa	Total $	Observações
Ajustamento da carga animal	Para determinar a quantidade de forragem disponível num paddock, são	Fita métrica	1	$50.00	$50.00	Quanto mais amostras forem recolhidas,
	colhidas amostras em quadrículas de 1m2, a forragem é cortada dentro da quadrícula ao nível do solo e colocada a secar em sacos de papel.	Tesoura	1	$100.00	$100.00	mais fiável será o resultado. A mão de obra não está incluída, uma vez que
		Sacos de papel Provisões		$1.00	$20.00	

	Quando estiver seca, o peso é registado, o peso de todas as quadrículas é somado e calculada a média, por exemplo, se o peso médio foi de 45g/m2 este valor é multiplicado por 10000m2 que corresponde a um ha. E o resultado é dividido por 1000 para estimar a produção em kg de MS/ha. Assim: 45gx 10000=450000/1000 =450 kg DM/ha, a necessidade diária do gado é de 3% do seu peso corporal.					o próprio produtor pode efetuar o trabalho.
Rotação do paddock	Reparação de vedações divisórias e perimetrais.			$ 25,000.0 0	$ 25,000. 00	À razão de $250.00Ma, dois
	Lavoura para mudar de paddock.			$ 6,000.00	$ 6,000.0 0	cowboys por três dias, em 5 cercados, são 4 mudanças por ano.
Suplement o mineral	Os suplementos minerais e proteicos são comprados e transportados por camião para as salinas.	Bloco		$165.00	$4,455. 00	De julho a abril, a suplementaç ão energética e proteica é efectuada nos meses de abril, maio e junho para cobrir as necessidade s que surgem nesta época do ano.
		mineral	18	$180.00	$3,240. 00	
		Rancho min 14		$250.00	$3,000. 00	
		Combustível	600 lt	$14.00	$8,400. 00	
		Cowboy (12 dias)		$500.00	$6,000. 00	
Vacinação,		Vacina 10	1	$185.00	$185.00	Estas

O que é que eu faço?	Como é que o faço?	O que é que eu uso?	Que quantidade devo utilizar?	Quanto custa	Total $	Observações
ferração, colocação de brincos, descorna		estirpes/50 animais	1	$300.00	$100.00	actividades são
		Caixa de gelo (vida útil de 3 anos)	1	$200.00	$100.00	realizadas ao mesmo tempo, aproveitand
		Seringa metálica (vida útil 5 anos)	5	$5.00	$40.00	o a concentraçã o do gado no mês de
		Agulhas	30	$50.00	$25.00	outubro ou
		Brinco SINIIGA	0	$250.00	$1,500.00	novembro.
		Máquina de descascar (vida útil 5 anos)	1	$25,000.00	$50.00	
			1	$500.00	$1,250.00	

O que é que eu faço?	Como é que o faço?	O que é que eu uso?	Que quantidade devo utilizar?	eQuanto custa	Total $	Observações
		Prensa para gado (vida útil de 20 anos)	1	$500.00	$250.00	
		Chavinda (duração de vida 5 anos) Cowboy (6 dias)		$500.00	$3,000.0	
Desmame	O gado é conduzido para o curral por cowboys e cavalos.	Feno de alfafa (fardos)		$100.00	$2,800.00	O desmame é efectuado duas vezes por ano (novembro e maio), uma vez
		Cowboy		$500.00	$7,000.00	que não existe uma estação de desmame definida, dando origem a vitelos de tamanho desigual; os vitelos são separados das mães

						aproximadamente aos 6-9 meses de idade e são confinados num curral, alimentados com forragens de boa qualidade durante 7 dias, sendo depois transferidos para um cercado durante 45 dias.
Lotificaç ão de animais	As vacas são apalpadas para identificar os bovinos por estado fisiológico.	Médico veterinári o	1	40.00/vaca		Aproveita-se quando o gado está reunido nas corridas para realizar a atividade.

Fonte. Elaboração própria, trabalho de campo 2016.

É provável que os produtores se deparem com a necessidade de efetuar mudanças nos seus processos de trabalho para garantir a qualidade do produto ou serviço exigido pelo mercado. As mudanças podem representar a incorporação de inovações já testadas por outros actores, o extensionista juntamente com o produtor e o INIFAP apresentam processos de trabalho ideais para a produção de vitelos (Quadro 64).

Tabela 64. Processo de trabalho ideal.

FASES DO PROCESSO DE PRODUÇÃO	O QUE FOI FEITO?	eCON O quê?
LOTIFICAÇÃO DE BOVINOS (CARREGADOS, VAZIOS E NOVILHAS)	Os bovinos são reunidos e procede-se a uma palpação rectal das vacas e novilhas, a fim de os lotear por estado fisiológico.	- Corredor com uma armadilha. - Pessoa com experiência no diagnóstico de gravidez em bovinos. - Cowboy e cavalo.
TESTES DE FERTILIDADE DE TOUROS	Os touros são reunidos e é efectuado um teste de fertilidade para determinar se estão aptos para a reprodução.	- Corredor com uma armadilha. - Pessoa com experiência no diagnóstico de gravidez em bovinos. - Microscópio, coletor de sémen e electro ejaculador. - Cowboy e cavalo.
DESMAMES TEMPORÁRIOS	Os vitelos de 4 meses são afastados das vacas durante um certo período de tempo (13-15 dias).	- Naricero. - Alimentação. - Comedouros. - Cowboy e cavalo.
FASES DO PROCESSO DE PRODUÇÃO	O QUE FOI FEITO?	eCON O quê?
INSEMINAÇÃO ARTIFICIAL	O gado é reunido e são seleccionadas as vacas e as novilhas que se	- Corredor com uma armadilha. - Pessoa com experiência em

	encontram em bom estado corporal e não estão prenhes.	inseminação artificial e sincronização. - Alimentação. - Cowboy e cavalo.
UTILIZAR TOUROS DE REGISTO	Selecionar touros de registos com tamanho adequado e características produtivas e reprodutivas desejáveis.	- Informação DEP.
EXPULSÃO DE VACAS E TOUROS IMPRODUTIVOS	O gado é reunido e os animais que não são eficientes na reprodução e produção são retirados.	- Gestão dos registos de produção. - Curral ou calha para carregamento de gado improdutivo. - Cowboy e cavalo.
ELABORAÇÃO DE RAÇÕES PARA SUPLEMENTAÇÃO NO DESMAME PRECOCE	Os vitelos de 4 meses são reunidos e desmamados definitivamente da vaca. e são alimentados.	- Alimentação. - Currais ou paddocks. - Comedouros.
HORA DO PARTO PROGRAMADO	O momento do acasalamento é programado e definido, o gado é reunido e conduzido para os cercados designados com o garanhão.	- Gestão dos registos de produção. - Corredor com uma armadilha. - Pessoa com experiência no diagnóstico de gravidez em bovinos.
AJUSTAMENTO DA CARGA ANIMAL	É efectuado um estudo do coeficiente de pastagem para determinar a capacidade de carga animal da exploração.	- Amostragem de pastagens. - Pessoa com experiência em estudos de amostragem e determinação de taxas de povoamento.
SUPLEMENTAÇÃO ESPECÍFICA POR ÉPOCA DO ANO E FISIOLOGIA ANIMAL	A sua suplementação é efectuada em função da qualidade do pasto ou da forragem e do estado fisiológico dos animais.	- Suplementos minerais ou proteicos. - Saladeros.

Fonte. Elaboração própria, trabalho de campo 2016.

Uma vez desenvolvidos os processos de trabalho ideais, é necessário que os actores analisem esses processos em comparação com os actuais, de modo a motivar e comprometer-se com mudanças que garantam a qualidade do produto ou serviço exigido pelo mercado alvo (Tabela 65). Neste exercício, os extensionistas e os investigadores do INIFAP propõem ao produtor um processo de trabalho ideal com custos e rendimentos.

Tabela 65. Identificação de investimentos e retornos para cada processo.

CONCEITO DE INVESTIMENTO		CUSTO	DESEMPENHO
PROCESSO DE TRABALHO "IDEAL" PARA SERVIR O MERCADO-ALVO	LOTARIA DE GADO	$40.00/CBZ.	AUMENTAR A PERCENTAGEM DE PARTOS DE 50 PARA 70% (LOTE DE 30 VACAS E UM TOURO).
	TESTES DE FERTILIDADE	$600/BULL	
	EXPULSÃO DE ANIMAIS IMPRODUTIVOS	$350	
	INSEMINAÇÃO ARTIFICIAL	$850.00/CBZ.	
	REGULAÇÃO DA CARGA ANIMAL	$1,500.00	
	SUPLEMENTAÇÃO SAZONAL ESPECÍFICA	$730/CBZ. POR ANO	
	TOTAL:	$34,780.00	
	CONCEITO DE INVESTIMENTO	CUSTO	DESEMPENHO
	REGULAÇÃO DA CARGA ANIMAL	$170.00	

CONCEITO DE INVESTIMENTO		CUSTO	DESEMPENHO
	ROTAÇÃO DO PADDOCK	$31,000.00	
	SUPLEMENTAÇÃO MINERAL	$25,095.00	
CONCEITO DE INVESTIMENTO		**CUSTO**	**DESEMPENHO**
PROCESSO DE TRABALHO ACTUAL	VACINAÇÃO, CALÇADO, BRINCO, DESCORNA	$6,400.00	50% DE TAXA DE PARTO
	DESCONTINUAR	$9,800.00	
	LOTARIAS DE GADO	$40.00/COW	
	TOTAL:	$73,665.00	

Fonte. Elaboração própria, trabalho de campo 2016.

Fonte. Elaboração própria, trabalho de campo 2016.

Identificação de inovações para servir o mercado-alvo.

A comparação entre o processo ideal e o atual permite estabelecer quais as actividades do processo de trabalho que já são feitas mas que precisam de ser melhoradas e quais as que devem ser incorporadas. Após a análise dos processos de trabalho, as inovações foram identificadas pelos agricultores, extensionistas e investigadores do INIFAP (Quadro 66).

Quadro 66. Inovações identificadas.

NumeroInovação	
1	LOTARIAS DE GADO
	TESTE DE FERTILIDADE
	EXPULSÃO DE ANIMAIS IMPRODUTIVOS
	INSEMINAÇÃO ARTIFICIAL
5	AJUSTAMENTO DA CARGA ANIMAL
	SUPLEMENTAÇÃO SAZONAL ESPECÍFICA

Fonte. Elaboração própria, trabalho de campo 2016.

A partir da identificação das inovações, é necessário definir a realização dos resultados a serem obtidos e o calendário dos resultados e seus indicadores. Nesta fase, os agricultores, juntamente com os extensionistas, efectuam o exercício de determinação dos resultados e do calendário para os alcançar (Quadro 67).

Quadro 67. Resultados a alcançar num prazo definido.

Resultado a alcançar	Indicador	Fórmula	Linha de base	Objetivo	Tempo
Diminuir os custos de aquisição de factores de produção em 5%.	Dinheiro poupado	Montante total dos investimentos efectuados numa base consolidada/ Montante total dos custos de aquisição a preços de retalho X100	0	5%	1 ano
Melhorar e informar sobre as boas práticas de lavoura na produção de forragem.	Número de acções de formação	Número de acções de formação durante o ano /Número de acções de formação no ano anteriorX100	0		1 ano
Melhorar a capacidade de carga da pastagem.	Trabalhos de conservação da água, do solo e de reflorestação	Número de obras efectuadas durante o ano/Número de obras efectuadas no ano anterior X100	0		4 anos
Aumentar a	Percentagem de	Percentagem de	50%		4 anos

124

percentagem de partos em 20% (50-70).	nascimentos	nascimentos do ano/Percentagem de nascimentos do ano anterior X100			

Fonte. Elaboração própria, trabalho de campo 2016.

GESTÃO DA INOVAÇÃO.

Por gestão da inovação para a melhoria competitiva entendemos o roteiro de trabalho que visa organizar e direcionar os recursos disponíveis (humanos, técnicos, financeiros, materiais, académicos, etc.) com a finalidade de implementar inovações ou melhorias que tenham sido identificadas como economicamente rentáveis, socialmente justas e ambientalmente viáveis nos processos de vida e de trabalho de pessoas, grupos sociais ou organizações económicas, de forma a atender à demanda do mercado-alvo (INCA Rural, 2016).

Caracterização das inovações.

No seguimento dos workshops participativos, nesta fase os produtores devem identificar as inovações para nos permitir diferenciar entre novas e comprovadas, se geram valor e de que tipo de inovação se trata (Quadro 68).

Quadro 68. Inovações que implicam mudança.

INOVAÇÃO		ESTÁ A GERAR VALOR? DE QUE TIPO?	QUE TIPO DE INOVAÇÃO?
Novo	Testado		
	LOTARIAS DE GADO	Sim, económico e ambiental; reduz os custos em termos de gestão, alimentação ou suplementação com base na fisiologia animal, melhor gestão das pastagens.	Processo para a lotificação de animais prenhes e não prenhes.
	TESTE DE FERTILIDADE	Sim, economicamente; beneficia-nos porque garantimos que o garanhão é fértil.	Reprodução, para se certificar de que o garanhão está apto a reproduzir e é fértil.
	EXPULSÃO DE ANIMAIS IMPRODUTIVOS	Sim, económico e ambiental; poupança na manutenção do efetivo através da eliminação de animais improdutivos, melhor utilização das pastagens para animais produtivos.	No que diz respeito à gestão e à comercialização, trata-se de manter registos de produção e de reprodução de cada animal.
	INSEMINAÇÃO ARTIFICIAL	Sim, economicamente; aumentamos a percentagem de partos e beneficiamos da obtenção de animais de elevada qualidade genética.	No caso da reprodução, tratar-se-ia de um diagnóstico por palpação.
	REGULAÇÃO DA CARGA ANIMAL	Sim, económica e ambientalmente; ao ajustar o encabeçamento, deixamos o gado que sustenta a exploração, não sobrecarregamos as pastagens e fazemos uma	A gestão implicaria a realização de um estudo dos coeficientes de pastagem.

		utilização adequada dos recursos naturais.	
	SUPLEMENTAÇÃO ESPECIFICADO POR ESTAÇÃO	Sim, económica e ambientalmente; fazemos uma despesa específica de acordo com o suplemento que temos para oferecer, a fim de melhorar a utilização das terras de pastagem.	Em termos de gestão, tratar-se-ia da lotação do gado em função do seu estado fisiológico e da época do ano.

Fonte. Elaboração própria, trabalho de campo 2016.

Investimentos a efetuar para a realização dos investimentos.

As inovações a implementar têm um custo para os agricultores, pelo que é importante analisar e discutir os investimentos recomendados a efetuar para implementar as inovações (Quadro 69).

Tabela 69. Identificação de investimentos e retornos para cada processo.

	CONCEITO DE INVESTIMENTO	CUSTO	DESEMPENHO
PROCESSO DE TRABALHO "IDEAL" PARA SERVIR O MERCADO-ALVO	LOTARIAS DE GADO	$40.00/CBZ.	AUMENTAR A PERCENTAGEM DE PARTOS DE 50 PARA 70% (LOTE DE 30 VACAS E UM TOURO).
	TESTE DE FERTILIDADE	$600/BULL	
	EXPULSÃO DE ANIMAIS IMPRODUTIVOS	$350	
	INSEMINAÇÃO ARTIFICIAL	$850.00/CBZ.	
	AJUSTAMENTO DA CARGA ANIMAL	$1,500.00	
	SUPLEMENTAÇÃO SAZONAL ESPECÍFICA	$730/CBZ. POR ANO	
	TOTAL:	**$34,780.00**	
	CONCEITO DE INVESTIMENTO	**CUSTO**	**DESEMPENHO**
PROCESSO DE TRABALHO ACTUAL	AJUSTAMENTO DA CARGA ANIMAL	$170.00	50% DE TAXA DE PARTO
	ROTAÇÃO DO PADDOCK	$31,000.00	
	SUPLEMENTAÇÃO MINERAL	$25,095.00	
	VACINAÇÃO, FERRADURA, GANHO, DESCORNA	$6,400.00	
	DESCONTINUAR	$9,800.00	
	LOTARIA DE GADO	$40.00/COW	
	TOTAL:	**$73,665.00**	

Fonte. Elaboração própria, trabalho de campo 2016.

Neste ponto do exercício, os produtores, juntamente com os extensionistas, discutiram alguns conceitos dos investimentos para esclarecer dúvidas, uma vez que os produtores devem dimensionar os investimentos a serem feitos do ponto de vista económico, pois representa uma decisão importante.

Estratégia de gestão da inovação para a melhoria da competitividade.

O resultado da identificação de inovações e os exercícios anteriores representam um contributo fundamental para que os sujeitos de atenção definam a sua proposta de valor e a concretizem nas declarações de visão e missão (INCA Rural 2016). Durante o workshop, foi pedido aos produtores que definissem a sua visão e missão utilizando o esquema La Estrella (INCA Rural 2016).

É importante que os produtores escrevam numa declaração a visão que desejam concretizar e a missão de como irão individual e coletivamente alcançar a visão.

Visão e missão.

VISÃO	MISSÃO
Ser criadores de gado eficientes na produção de gado.	Somos agricultores que querem satisfazer as necessidades dos nossos clientes, adoptando inovações para melhorar o nível de vida das nossas famílias.

Objetivo geral.

OBJECTIVO GERAL	QUANTO TEMPO É QUE VAMOS LÁ CHEGAR?	PORQUE É QUE O PODEMOS FAZER?
Aumentar a produtividade do efetivo pecuário através de apoio técnico e da aplicação de inovações para melhorar a nossa economia e qualidade de vida.	Em 4 anos	Estamos empenhados e convencidos das inovações. - Queremos melhorar e aprender. - Estamos dispostos a trabalhar e a utilizar os recursos à nossa disposição.

Uma vez estabelecida a visão, a missão e o objetivo geral, é importante estabelecer os resultados a alcançar para a melhoria competitiva da sua atividade económica, pelo que é importante verificar se os resultados contribuem para alcançar o objetivo (Quadro 70).

Quadro 70. Resultados propostos a alcançar.

QUE RESULTADOS PRETENDEMOS ALCANÇAR?
R1 Diminuir os custos de aquisição de factores de produção em 5%.
R2 Melhorar e informar sobre as boas práticas de lavoura na produção de forragem.
R3 Melhorar a capacidade de carga da <u>pastagem.</u>
R4 Aumentar a percentagem de partos em 20%.

Fonte. Elaboração própria, trabalho de campo 2016.

Após a definição dos resultados a alcançar, foi pedido aos participantes no workshop que elaborassem um quadro para estabelecer indicadores para medir o sucesso dos resultados a alcançar, bem como para definir prazos para a avaliação dos resultados (Quadro 71).

<u>Quadro 71. Indicadores para a avaliação dos resultados a alcançar.</u>

Resultado a alcançar	Indicador	Fórmula	Linha de base	Objetivo	Tempo
R1 Diminuir os custos de aquisição de factores de produção em 5%.	Dinheiro poupado	Montante total dos investimentos efectuados numa base consolidada durante a implementação de inovações/Montante total dos custos de aquisição a preços de retalho X100	0	5%	1 ano
R2 Vou melhorar para os informar	Número de acções de formação	Número de acções de formação ministradas durante a implementação das inovações/Número de acções de	0		1 ano

sobre o bem práticas de lavoura na produção de forragem.		formação programadas X100				
R3 Melhorar a capacidade de carga da pastagem.	Trabalhos de conservação da água, do solo e de reflorestação	Número de obras realizadas no ano em que as inovações foram implementadas/Número de obras programadas X100	0			4 anos
R4 Aumentar o percentagem de partos de 20% (50-70).	Percentagem de nascimentos	Percentagem de nascimentos no ano em que as inovações foram implementadas/Percentagem de nascimentos programados X100	50%			4 anos

Fonte. Elaboração própria, trabalho de campo 2016.

Inovações/melhorias associadas à obtenção dos resultados.

Após o estabelecimento de indicadores para os resultados a alcançar, é necessário verificar a correspondência das inovações com os respectivos resultados. Assim, os resultados serão analisados um a um para estabelecer as melhorias e inovações a incorporar e a forma como serão contabilizadas as realizações.

Tabela 72. Inovações e medição de desempenho proposta.

FUNÇÃO PRODUTIVA	PROCESSO DE TRABALHO ENVOLVIDO	MELHORIAS OU INOVAÇÕES A INCORPORAR	RESULTADOS ESPERADOS DAS MELHORIAS	VAMOS CONSEGUIR ISSO EM CP (1 ANO) 2-3 ANOS LP+ 3 ANOS			COMO É QUE NOS APERCEBEMOS DE QUE O NÓS ALCANÇAMOS	COMO CONTABILIZAMOS AS REALIZAÇÕES
Abasto	Compras.	Realizar palestras sobre negociação e liderança. Compras em grupo para reduzir os custos.	Conduzir e efetuar uma negociação de compra Poupe dinheiro fazendo compras em grupo.	X			Poupança de dinheiro através de compras em grupo.	Montante total dos investimentos efectuados numa base consolidada/ Montante total dos custos de aquisição a preços de retalho X 100

<u>Tabela 72.</u>

FUNÇÃO PRODUTI	PROCESSO DE TRABALHO ENVOLVI	MELHORIAS OU INOVAÇÕES A INCORPOR	RESULTADOS ESPERADOS DAS	VAMOS CONSEGUIR ISSO EM			COMO É QUE NOS APERCEBEMOS DE QUE FOMOS	CONTAMOS AS
				CP 1	MP 2-3	LP + 3		

VA	DO	AR	MELHORIAS	ANO	ANOS	ANOS	BEM SUCEDIDOS	REALIZAÇÕES
Preparação do terreno	Boas práticas de lavoura.	Formação dos produtores em práticas de lavoura.	Os produtores sabem disso importância da lavoura.	X			Número de produtores que participam na formação.	% de produtores que participaram na formação.
		Curso e workshop sobre boas práticas de lavoura.	Os produtores efectuam as lavouras recomendadas.				Número de produtores que participam na formação	% de agricultores que utilizam boas práticas de lavoura.
Recursos naturais	Trabalhos de conservação do solo e da água e de reflorestação.	Formação dos produtores em matéria de conservação e recuperação dos recursos naturais.	Conhecer as diferentes obras de conservação existentes.			X	Número de produtores que participam na formação.	% de produtores que participaram na formação.
		Conservação e recuperação dos recursos naturais.	Melhorar a capacidade de carga da pastagem.				Número de produtores que efectuam trabalhos de conservação.	Número de obras efectuadas.
Reprodução	Gestão da reprodução.	Formação dos produtores em tipos de acasalamento, palpação e métodos de reprodução.	Aumentar a percentagem de nascimentos em 20%.			X	Número de produtores que participam na formação.	% de produtores que participaram na formação.
		Efetuar um enchimento controlado.		X			Número de produtores que efectuam partos controlados.	Aumento da percentagem de paridade.
		Efetuar a palpação.					Número de produtores que efectuam a palpação.	% de aumento da parturição.

		Efetuar a sincronizaç ão do estro				Número de produtores que efectuam a sincronização do estro.	% de aumento da parturição.
		Formação de registos de produção	Conhecer e saber manter registos de produção			Número de produtores que participam na formação	% de produtores que participaram na formação
		Manter registos de produção				Número de produtores que mantêm registos de produção	% de produtores que mantêm registos de produção

Fonte. Elaboração própria, trabalho de campo 2016.

Compromissos.

Após a determinação dos resultados a serem alcançados e das inovações a serem implementadas, é importante que os produtores se comprometam a alcançar os resultados já propostos, pois sem a sua participação não será possível alcançá-los (Tabela 73).

Quadro 73. Resultados e compromissos.

	QUE RESULTADOS PRETENDEMOS ALCANÇAR?	QUAIS SÃO OS NOSSOS COMPROMISSOS?
R1	Diminuir os custos de aquisição de factores de produção em 5%.	Contribuir para a organização dos produtores na compra a preços baixos e em tempo útil.
R2	Melhorar e informar sobre as boas práticas de lavoura na produção de forragem.	Prestar formação, apoio e assistência técnica em conjunto com o produtor.
R3	Melhorar a capacidade de carga da pastagem.	Remoção de animais improdutivos e estabelecimento de pastagens.
R4	Aumentar a percentagem de partos em 20%.	Implementar registos de produção, estabelecer épocas de acasalamento, realizar testes de fertilidade em touros, realizar sincronização e inseminação artificial e suplementação mineral e proteica.

Fonte. Elaboração própria, trabalho de campo 2016.

Capacidades a desenvolver.

É essencial desenvolver as capacidades dos produtores, uma vez que estes adoptarão novas formas de trabalhar com as suas técnicas e tecnologias. Por isso, é importante estabelecer e definir as aprendizagens como base para a elaboração de planos de formação específicos (INCA Rural 2016). Nesta altura, os extensionistas propõem as capacidades a desenvolver nos produtores (Tabela 74).

Tabela 74. Capacidades a desenvolver.

PROCESSO DE TRABALHO ENVOLVIDO	CAPACIDADES A DESENVOLVER
COMPRAR	Implementar palestras sobre negociação e liderança.

	Acompanhamento durante a negociação ou compras em grupo.
BOAS PRÁTICAS DE LAVOURA	Realizar palestras sobre boas práticas de lavoura, acompanhamento e aconselhamento sobre a preparação da terra.
OBRAS DE CONSERVAÇÃO E RESTAURO DO SOLO, DA ÁGUA E DE REFLORESTAÇÃO	Realizar palestras sobre a importância da conservação e restauração do solo, da água e da reflorestação. Formação, aconselhamento, acompanhamento e conhecimento dos diferentes trabalhos de conservação e reflorestação dos recursos naturais.
GESTÃO DA REPRODUÇÃO	Realizar palestras sobre a importância das técnicas de reprodução e elaboração de registos de produção, formação, acompanhamento e conhecimento da aprendizagem das técnicas de reprodução e elaboração de registos de produção.

Fonte. Elaboração própria, trabalho de campo 2016.

Actores internos e externos a envolver na gestão da inovação.

Os extensionistas apresentam aos agricultores os actores a envolver na gestão das inovações para uma melhoria competitiva (Quadro 75).

Quadro 75. Actores internos e externos.

FUNÇÃO PRODUTIVA	PROCESSO DE TRABALHO ENVOLVIDO	INOVAÇÕES OU MELHORIAS A INCORPORAR	PARTES INTERESSADAS EXTERNAS E INTERNAS ENVOLVIDAS NA GESTÃO
ABASTO	COMPRAR	Conduzir conversações sobre negociação e liderança.	Extensionista e produtor
		Compras em grupo para reduzir os custos.	Extensionista e produtor
PREPARAÇÃO DO TERRENO	BOAS PRÁTICAS DE LAVOURA	Formação dos produtores em práticas de lavoura.	Extensionista e INIFAP
		Curso e workshop sobre boas práticas de lavoura.	Extensionista e INIFAP
RECURSOS NATURAIS	OBRAS DE CONSERVAÇÃO DOS SOLOS, DA ÁGUA E DE REFLORESTAÇÃO	Formação dos produtores em matéria de conservação e recuperação dos recursos naturais.	Extensionista, produtor, INIFAP, CONAZA e CONAFOR
		Realização de trabalhos de conservação e recuperação de recursos naturais.	Extensionista, produtor, INIFAP, CONAZA e CONAFOR
PRODUÇÃO	GESTÃO DA REPRODUÇÃO	Formação dos produtores em tipos de acasalamento, palpação e métodos de reprodução.	Extensionista, produtor, Patrocipes e ITSON
		Efetuar um enchimento	Extensionista, produtor e

		controlado.	Patrocipes
		Efetuar a palpação.	Extensionista, produtor, Patrocipes e ITSON
		Efetuar a sincronização do cio.	Extensionista, produtor, Patrocipes e ITSON
		Formação de registos de produção.	Extensionista
		Manter registos de produção.	Extensionista e produtor

Fonte. Elaboração própria, trabalho de campo 2016.

CAPÍTULO VIII

AGENDA BOVINOS CARNE - GUAYMAS, SONORA

A nova visão do Extensionismo propõe a cadeia agroalimentar como eixo relevante do desenvolvimento rural. A cadeia agroalimentar considera elementos como produto, ponto de origem e mercado como fundamentos da análise. A intenção de integrar a cadeia agroalimentar ao desenvolvimento rural é ligar a produção primária, realizada no meio rural, ao consumidor final, promovendo a melhoria da qualidade de vida dos produtores e de suas famílias (Austin, 2008).

A cadeia agroalimentar é um conceito integrador de todo o conjunto de actividades e actores necessários para criar um produto, manipulá-lo, vendê-lo e entregá-lo ao consumidor final. A cadeia agroalimentar, também conhecida como cadeia de valor, representa o percurso ou processo que qualquer produto, seja ele agrícola, pecuário, florestal ou industrial, segue através das actividades de produção, transformação até chegar ao consumidor final. Os serviços de abastecimento, pesquisa e assistência técnica também estão integrados à cadeia de valor (SAGARPA, 2001).

A análise da cadeia de valor é importante porque o rendimento do sector primário tem diminuído ao longo do tempo e o objetivo é inverter esta tendência através do exercício de inovações na melhoria competitiva da cadeia de valor prioritária na região. A inovação no quadro da melhoria competitiva passa pela identificação do mercado-alvo, o segmento de mercado onde se obtêm os maiores lucros, a identificação de inovações para que o produto responda às exigências do mercado-alvo e a integração de um calendário de actividades e dos responsáveis pela execução das actividades.

A agenda de inovação é um documento construído em vários workshops participativos com a assistência dos actores prioritários da cadeia de valor numa região e é o resultado da recolha de toda a informação da cadeia de valor. Os workshops participativos baseiam-se no quadro do Programa de Apoio aos Pequenos Agricultores na Componente Extensão (INCA Rural, 2016).

Objetivo da ficha

Descrever a agenda de inovação da cadeia de valor do gado bovino especializada na produção de vitelos até 180 kg e derivados do leite obtidos através da metodologia da cadeia agroalimentar com enfoque na capacitação de pequenos produtores, na autogestão do conhecimento no Grupo de Extensão e Inovação Territorial DDR 147 Guaymas e na identificação do mercado-alvo para alcançar uma melhoria competitiva tanto dos produtores como da região mencionada.

Membros do GEIT envolvidos na análise da cadeia

Os actores envolvidos no desenvolvimento deste trabalho correspondem aos Extensionistas contratados no âmbito do Programa de Apoio aos Pequenos Produtores na Componente Extensionismo, aos produtores que recebem o benefício da assistência técnica e da formação pelos Extensionistas contratados, a alguns Investigadores com presença na região que trabalham no Instituto Nacional de Investigação Florestal, Agrícola e Pecuária (INIFAP), autoridades representativas do Distrito de Desenvolvimento Rural (DDR) da Secretaria de Agricultura, Pecuária, Desenvolvimento Rural, Pesca e Alimentação do DDR 147 Guaymas, participação do Governo do Estado, do Coordenador de Extensionistas da Serra de Sonora, a participação do coordenador do Serviço Nacional de Formação e Assistência Técnica Integral (SENACATRI) e a intervenção dos Formadores do Centro de Extensão e Inovação Rural da Região Noroeste (CEIR Noroeste).

Quem somos nós?

Esta secção apresenta os produtores participantes nos encontros, cuja produção está orientada para a produção de gado de carne.

NOME	ACTOR
Trinidad Delgado	Produtor do Agrupamento de Produtores Agrícolas de La Misa
Fernando Tapia	Grupo de trabalho dos produtores Produtores Unidos de Empalme
Armando Gonzalez	Produtor Produtores agrícolas do Ejido Francisco Marquez
Daniel Rodriguez Ibarra	Produtor do Grupo Los 5 Arroyos
Bernardo Duarte	Produtor do Grupo de Trabajo Productores Pecuarios Unidos del Valle de Guaymas (Grupo de Trabalho Produtores Pecuários Unidos do Vale de Guaymas).
José Luis Gonzalez	Grupo de trabalho dos produtores Produtores Unidos de Empalme
Fernando Cabrera	Produtor Produtores agrícolas do Ejido Francisco Marquez
Alejandro Arellano	Produtor Grupo de Trabajo Productores Unidos de Empalme, Presidente LGA Empalme
Francisco Barrientos	Produtor do Agrupamento de Produtores Agrícolas de La Misa
Emerito Rey Sanchez	Grupo de trabalho dos produtores Produtores Unidos de Empalme

As características do produto oferecido no mercado pelos agricultores são as seguintes: vitelos para abate vendidos ao quilograma, leite vendido ao litro e alguns dos seus derivados, animais de refugo (vacas, touros). Os vitelos são vendidos à porta da exploração, enquanto outros produtores vendem os seus vitelos diretamente na lota da Union Ganadera Regional de Sonora. O peso médio de venda dos vitelos é de 180 kg. Os preços de venda oscilam entre $60,00 e $65,00, variando à medida que o ano avança.

Os vitelos são vendidos no terreno ou nos currais das Associações Pecuárias Locais, onde os compradores de gado se deslocam para negociar os preços de compra e o número de animais que podem comprar. O pagamento das vacas de reforma é imediato. Um grupo de produtores leva os vitelos para o leilão da UGRS: Los 5 Arroyos. A condição para a venda de bezerros no leilão é que eles devem chegar pelo menos cinco dias antes da realização do leilão. O leilão realiza-se semanalmente, às terças-feiras. O pagamento da venda dos vitelos varia de comprador para comprador, podendo ser imediato ou efectuado no prazo de uma semana ou quinze dias. Para a venda local, a condição de pagamento de uma vaca de reforma e da venda de subprodutos é o pagamento imediato.

Visão:

Ser um grupo organizado e consolidado de produtores pecuários altamente competitivos ao serviço do mercado-alvo.

Missão:

Somos um grupo de produtores pecuários cuja produção satisfaz as necessidades dos nossos compradores de vitelos e leite de qualidade através da aplicação de inovações tecnológicas, de mercado e organizacionais.

Objetivo geral:

Aumentar a produtividade do rebanho bovino através da adoção de inovações na produção, organização e comercialização conseguindo aumentar os rendimentos de leite e carne por meio da melhoria competitiva e alcançar o desenvolvimento da economia dos produtores e suas famílias da cadeia de valor de bovinos de duplo propósito na região da DDR 147 Guaymas.

Resultados a alcançar

Quando os elementos do planeamento estratégico estão implementados, os produtores propõem os resultados esperados da adoção das inovações que foram identificadas, o calendário em que se espera que os resultados sejam alcançados e os indicadores, a base de referência e o objetivo a alcançar.

Quadro 76. Resultados esperados e indicadores de avaliação.

Resultado esperado	Indicadores	Fórmula	Linha de base	Objetivo	Tempo (anos)
R1 Menor incidência de doença alcançada	Diminuição da percentagem de vacas que morrem no efetivo por ânus	(Percentagem de vacas que morrem por ano - percentagem de vacas que morrem no ano de referência) / (percentagem de vacas que morrem por ano fixada no objetivo - percentagem de vacas que morrem no ano de referência) - 1	5		1
R2 Realização de registos técnicos, produtivos e económicos.	Percentagem de produtores que implementam registos de produção	Percentagem de produtores que efectuam registos / produtores que não efectuam registos))*100	0	0	
R3 Avaliação da fertilidade dos touros obtidos	Aumento da percentagem de avaliação da fertilidade dos garanhões	(Percentagem de garanhões avaliados - percentagem de garanhões avaliados na linha de base) / (percentagem de garanhões-alvo avaliados - percentagem de garanhões avaliados na linha de base)	10		
Resultado esperado	Indicadores	Fórmula	Linha de base	Objetivo	Tempo (anos)
R4 Controlo dos nascimentos alcançado	A percentagem de nascimentos aumentou durante o mês escolhido como o mês	(Percentagem de nascimentos no mês escolhido/percentagem de nascimentos no resto do ano) * 100	10	50	

		ideal para o parto.				
R5	Identificação de animais prenhes e improdutivos, para a tomada de decisões de gestão (abate).	Percentagem de aumento da gestação	(Percentagem de gravidezes alcançadas no final da adoção de inovações - percentagem de gravidezes de base)/(percentagem de gravidezes alvo - percentagem de gravidezes de base) * 100	50	85	
R6	Silos fabricados pelos produtores	Toneladas de forragens conservadas	(Toneladas de forragens conservadas após a realização de processos de melhoria competitivos) / toneladas de forragens conservadas proposto no objetivo) * 100	0	100	
R7	Acções consolidadas realizadas	Percentagem das vendas e compras consolidadas	Percentagem de produtores que realizam acções consolidadas/produtores que realizam as suas compras e vendas individualmente)*100	0		

Fonte. Elaboração própria, trabalho de campo 2016.

Inovação e/ou melhorias associadas à obtenção de resultados

A comparação dos processos "ideal" e "atual" permite estabelecer quais as actividades do processo de trabalho que já estão a ser realizadas mas que precisam de ser melhoradas e quais as que precisam de ser incorporadas. Com base nesta análise, a identificação de inovações para melhoria competitiva foi muito fácil de realizar pelos produtores e outros actores da cadeia durante o workshop.

A partir das inovações identificadas e das ações a serem implementadas pelos produtores para obter o produto demandado pelo mercado alvo, os resultados esperados são aumentar até 90% da fertilidade do rebanho e melhorar a produção de leite, no mínimo 1,5 litros por animal por dia: se 90% do rebanho for atingido, aumenta-se a capacidade produtiva da região, obtendo-se até 9 bezerros a mais por produtor (considerando uma média de 30 bezerros por produtor). Se forem vendidos bezerros de até 180 kg e o preço for mantido como está atualmente (R$60,00 por quilo) o aumento da renda do produtor será da ordem de R$97.200,00 por ano. Se forem aumentados 2 litros por vaca por dia e um preço estimado de $5,00, no final do período estimado de 180 dias de lactação, o rendimento adicional por vaca encomendada será de $990,00, num período de 6 meses de lactação, representando um acréscimo de $5.940,00.

As inovações são apresentadas no quadro seguinte.

Tabela 77. Proposta de inovações associadas aos processos de trabalho analisados.

Função produtiva	Processo de trabalho envolvido	Melhorias ou inovações a incorporar	Resultados esperados das melhorias	Conseguiremos isso em CP MPLP	Como é que nos apercebemos de que o alcançámo	Como é que contamos as realizaçõe

							s?	s?
Saúde	Saúde do efetivo	Implementar um programa de gestão sanitária	Menor incidência de doença alcançada	X			Produtores que aplicam os calendários de vacinação	Número de produtores que aplicam o programa de vacinação
Administraç ão	Administraç ão do grupo	Registo da produção	Realização de registos técnicos, produtivos e económico s.		X		Produtores que registam a produção	Número de produtores que registam a produção
Reprodução	Avaliação do garanhão	Teste de fertilidade de touros	Avaliação da fertilidade dos touros obtidos		**X**		Garanhões avaliados	Número de garanhões avaliados
Reprodução	Gestão da reprodução do efetivo	Determinaç ão da época de acasalamen to	Controlo dos nascimento s alcançado			X	Entregas no mês ideal	Percentage m de nascimento s no mês ideal escolhido
Reprodução	Diagnóstico de gravidez	Diagnóstico de gravidez	Identificaçã o de animais prenhes e improdutivo s, para a tomada de decisões de gestão (abate).			X	Produtores que efectuam o diagnóstico de gravidez	Número de produtores que efectuam o diagnóstico de gravidez
Nutrição	Produção alimentar	Produção e conservaçã o de forragens	Silos fabricados pelos produtores			X	Forragens conservada s	T oneladas de forragens conservada s
Administraç ão	Administraç ão do grupo	Organizaçã o de produtores	Acções consolidad as realizadas			X	Acções consolidada s	Produtores que realizam acções consolidad as

Fonte. Elaboração própria, trabalho de campo 2016.

137

Capacidades a desenvolver

O desenvolvimento de capacidades nos produtores é uma parte fundamental da melhoria competitiva da cadeia de valor. Lembrando que os produtores serão os agentes dinamizadores da cadeia de valor, daí a importância de considerar todas as capacidades que os sujeitos de atenção devem desenvolver para adotar e, se necessário, adaptar as novas formas de trabalhar com suas tecnologias (INCA Rural, 2016).

Tabela 78. Tópicos de formação necessários para a adoção de inovações.

Não.	Processo de trabalho envolvido	Capacidades de desenvolvimento
1	Saúde do efetivo	Identificar os medicamentos, conhecer as vias de aplicação dos medicamentos, conhecer as doses necessárias por medicamento.
	Administração do grupo	Tipos de registos, técnicas de manutenção de registos, análise de dados
	Avaliação do garanhão	Comportamento reprodutivo do garanhão, avaliação da condição corporal do garanhão, técnicas de avaliação da fertilidade do garanhão
	Gestão da reprodução do efetivo	Conhecer o conceito de época de acasalamento, o comportamento reprodutivo das vacas, os tipos de épocas de acasalamento, a escolha da melhor época de acasalamento para cada produtor.
5	Diagnóstico de gravidez	Diferenças no estado fisiológico dos bovinos, técnicas de diagnóstico gestacional, aprendizagem do diagnóstico gestacional por palpação rectal
	Produção alimentar	Conhecer as técnicas de conservação das forragens, conhecer as forragens óptimas a conservar, melhorar a qualidade das forragens.
	Administração do grupo	Tipos de parcerias jurídicas, liderança, resolução de conflitos

Fonte. Elaboração própria, trabalho de campo 2016.

Intervenientes internos e externos envolvidos na gestão

O desenvolvimento de capacidades dos sujeitos da atenção é de vital importância, pois são informações úteis para promover e conseguir a articulação com atores de instituições acadêmicas e de pesquisa que devem estar envolvidos na gestão de inovações (INCA Rural, 2016).

Neste sentido, os Extensionistas apresentam aos Produtores os actores, internos e externos à atividade pecuária, relacionados com a adoção de inovações para uma melhoria competitiva.

Tabela 79. Inovações para a melhoria da competitividade na cadeia de valor da carne de bovino.

Não.	Função produtiva	Processo de trabalho envolvido	Melhorias ou inovações a desenvolver	Intervenientes internos e externos
1	Saúde	Saúde do efetivo	Implementar um programa de gestão sanitária	Produtores, Extensionistas, Fornecedores, Banco de Desenvolvimento, FIRA, Financiera Nacional,

Não.	Função produtiva	Processo de trabalho envolvido	Melhorias ou inovações a desenvolver	Intervenientes internos e externos
				SAGARPA, SAGARPA
	Administração	Administração do grupo	Recolha de dados	Produtores, Extensionistas, Fornecedores, Banco de Desenvolvimento, FIRA, Financiera Nacional, SAGARPA, SAGARPA
	Reprodução	Avaliação do garanhão	Testes de fertilidade de touros	Produtores, Extensionistas, Fornecedores, INIFAP, SAGARPA, Financiera Nacional, ITSON, UNISON
	Reprodução	Gestão da reprodução do efetivo	Determinação da época de acasalamento	Produtores, extensionistas, fornecedores, INIFAP, SAGARPA, Financiera Nacional, BANORTE
5	Reprodução	Diagnóstico de gravidez	Diagnóstico de gravidez	Produtores, Extensionistas, Fornecedores, INIFAP, SAGARPA, Finanças Nacionais, ITSON, UNISON
	Nutrição	Produção alimentar	Produção e conservação de forragens	Produtores, Extensionistas, Fornecedores, INIFAP, SAGARPA, Financiera Nacional, Laboratório de Solos, Maquilero.
	Administração	Administração do grupo	Organização de Produtores	Produtores, extensionistas, notários públicos, SER, SEDESOL, SH, FIRA, Financiera Nacional

Fonte. Elaboração própria, trabalho de campo 2016.

CAPÍTULO IX

AGENDA BOVINOS CARNE - SAHUARIPA, SONORA

Este documento é o resultado da participação e do trabalho dos atores envolvidos na cadeia identificada como prioritária no GEIT 146 Sahuaripa, Sonora, nas reuniões de trabalho realizadas. Nas reuniões de trabalho, os participantes foram os extensionistas contratados no Programa de Apoio ao Pequeno Produtor, os produtores beneficiados pelo componente Extensionismo do mesmo Programa, pesquisadores e representantes do Governo Estadual e Federal; contribuindo com suas experiências, conhecimentos e informações para a formulação da presente Agenda de Inovação.

A metodologia implementada é a proposta pelo Instituto Nacional para o Desenvolvimento de Capacidades no Sector Rural (INCA) no âmbito das orientações estabelecidas na Norma EC0818. O objetivo da metodologia utilizada é identificar inovações que melhorem a competitividade das cadeias agroalimentares que contribuam para o desenvolvimento social, económico e ambiental do território identificado (INCA Rural, 2016).

O mapeamento da cadeia, a identificação do mercado-alvo, a identificação da inovação, a gestão da inovação e a estratégia de gestão da inovação são os temas abordados neste documento.

A cadeia de valor identificada no GEIT 146 Sahuaripa é a produção de vitelos para venda à porta da exploração, na lota da Union Ganadera Regional de Sonora. Esta cadeia foi determinada pelo tipo de produtores atendidos pelos extensionistas contratados, cuja principal fonte de rendimento é a venda de vitelos vivos.

OBJECTIVO.

O objetivo deste documento é fornecer ao produtor ferramentas, conhecimentos e, sobretudo, competências para que possa desenvolver-se ao longo do tempo e trabalhar em equipa com os principais intervenientes na cadeia, aconselhamento e apoio de instituições e agências para que possa melhorar a sua atividade produtiva, melhorando os seus processos de produção com a infraestrutura de que dispõe e incorporando inovações para melhorar e aceder a novos segmentos de mercado dentro da cadeia da carne de bovino.

CRIAÇÃO DE BOVINOS DE CARNE NO DISTRITO 146 SAHU.ARIPA

O RDD 146 Sahuaripa está localizado no leste do Estado, os municípios de Arivechi, Bacanora, Sahuaripa e Yecora pertencem a este distrito.

A tabela 83 a seguir descreve a área alocada de acordo com os diferentes usos do solo e vegetação da DDR 146 Sahuaripa (SAGARHPA 2016).

Quadro 80: Superfície do RDD 146 Sahuaripa.

ÁREA AGRICOLA (Has)			SUPERFÍCIE DE GADO (Hectares)			OUTROS (Tem)	TOTAL
IRRIGAÇÃO	TEMPORÁRIO	TOTAL	AGOSTADERO	PRADERA	TOTAL		
2,419	2,450	4,869	917,198	17,096	934,294	13,245	952,408

Nota: A área de outros usos refere-se a massas de água e zonas urbanas.

Fonte: INEGI 2005.-Direccion General de Estad^sticas Economicas (Uso del Suelo y Vegetacion). SAGARPA: Distritos de Desenvolvimento Rural.

Integração: SAGARPA - Subdelegacion de Planeacion y Desarrollo Rural e SNIDRUS.

Os dados do inventário pecuário disponibilizados pelo site do SINNIGA são apresentados na tabela 84, de acordo com o número de UPPs e de bovinos cadastrados no banco de dados.

Tabela 81. Estatísticas sobre o efetivo pecuário Bovinos PGN.

#	Município	UPP	Úteros	Novilhas	Garanhões	Fêmea Crias	Crias Masculino	Vitelos	Bois
1	Arivechi	223	8309	1855	580	894	291	3220	
	Bacanora	188	8554	2072	499	1156	509	3062	130
	Sahuaripa	727	30387	6807	2079	4022	1343	11368	31
	Yecora	568	23642	5881	1496	5423	4300	1732	
	Total	**1706**	**70892**	**16615**	**4654**	**11495**	**6443**	**19382**	**200**

Dados actualizados a partir de 9 de novembro de 2016

O quadro 85 apresenta a produção em toneladas das diferentes espécies, o preço médio e o valor da produção no final de 2015 (SIAP 2017).

Tabela 82. Produção, preço, valor, animais abatidos e peso 2015.

Produto/Espécie	Produção (toneladas)	Preço (pesos por quilograma)	Valor do Produção (milhares de pesos)	Animais sacrificado (cabeças)	Peso (quilogramas)
GADO A PÉ					
GADO	6,372	55.43	353,184		**218**
SUÍNOS					
OVINOS					
GOAT					
SUBTOTAL	6,372		353,184		
CARNE EM CARCAÇA					
GADO	3,420	111.52	381,339	29,281	**117**
SUÍNOS					
OVINOS					
GOAT					
SUBTOTAL	3,420		381,339		
LEITE					
GADO	1,154	5.63	6,492		
SUBTOTAL	1,154		6,492		
OUTROS PRODUTOS					
MEL					
SUBTOTAL					
TOTAL			**387,831**		

Aves de capoeira: Refere-se a galinhas, leves e pesadas, que terminaram o seu ciclo produtivo. Leite: Produção em milhares de litros e preço em pesos por litro.

Os subtotais e o total podem não corresponder devido a arredondamentos. O valor total não inclui o valor em pé, uma vez que este está incluído no valor da produção de carne.

Fonte: Servicio de Informacion Agroalimentaria y Pesquera (SIAP 2017).

IDENTIFICAR INOVAÇÕES PARA MELHORAR A COMPETITIVIDADE.

Membros do GEIT 146 Sahuaripa envolvidos na análise da cadeia.

Os actores envolvidos (Quadro 83) no desenvolvimento deste trabalho correspondem aos Extensionistas contratados no âmbito do Programa de Apoio aos Pequenos Produtores na Componente Extensionismo, aos produtores que recebem apoio de assistência técnica e formação dos Extensionistas contratados, alguns Investigadores com presença na região que trabalham no Instituto Nacional de Investigações Florestais, Agrícolas e Pecuárias (INIFAP), o Coordenador de Extensionistas da Serra de Sonora, a participação do representante do Sistema Nacional de Formação e Assistência Técnica Integral (SENACATRI) e a intervenção dos Formadores do Centro de Extensão e Inovação Rural Região Noroeste (CEIR Noroeste).

Tabela 83. Actores que participam na análise da cadeia de valor.

NÚMERO	ACTORES	TIPO DE ATOR
	- Rodolfo Ruiz Robles - Jaime Naranjo Chavez - Francisco Javier Paredes Lopez - Enrique Ruiz Castillo - Rolando Cota Marquez - Manuel Angel Figueroa Romero - Heriberto Madrid Aguayo - Gilberto Hurtado Acuna - Guadalupe Aguayo Marquez - Tomas Flores Diaz - Epifanio Valdez Valdez	Produtores
8	- José António Campa Figueroa - José de Jesus Alanis Gamez - Carlos Oved Ruiz Galindo - Elizabeth Duarte Encinas - Victor Manuel Perez Rea - Heberto Duarte Garcia - Guadalupe Romero Tapia - Pablo Camacho Peralta	Extensionistas
5	- Ivon Navarro Gomez - Teodoro Cervantes Mendivil - Martha Elva German Sanchez - Sonia Judith Gamez Pinon - Manuel Cuadras Castro	- Coordenador Distrital - Coordenador INIFAP - Coordenador SENACATRI - Formador CEIR Noroeste - Formador CEIR Noroeste

Fonte. Elaboração própria, trabalho de campo 2016.

As reuniões realizadas, com início em setembro e conclusão em dezembro de 2016, tiveram dois locais: as instalações da DDR 146 Sahuaripa. As reuniões foram realizadas no âmbito do programa proposto pelo Governo do Estado, uma reunião mensal.

Tabela 84: Reuniões realizadas para analisar a cadeia de valor e gerar a agenda de inovação.

TEMA	DATA	PARTICIPANTES			TEMPO	
		EXTENSIONISTAS	PRODUTORES	OUTROS PARTICIPANTES	INÍCIO	TERMO
Identificação do mercado-alvo e da inovação	21/09/2016	8			10:10	14:50
Viabilidade das	20/10/2016	8			10:13	14:50

inovações	6					
Gestão da inovação	15/11/2016					10:15	14:55
Acompanhame nto da gestão das inovações	09/12/2016				1	11:05	14:58

Fonte. Elaboração própria, trabalho de campo 2016.

Organização dos produtores e cartografia da cadeia de valor.
Seguindo a metodologia proposta pelo INCA Rural (2016) e pela EC0818 (antiga 0489), o primeiro workshop realizado com as partes interessadas no DDR 146 Sahuaripa tinha vários objectivos:
• Aplicar a abordagem da cadeia de valor no processo de identificação de inovações para melhoria da competitividade.
• Descrever as características do produto ou serviço que está a ser comercializado junto dos clientes.
• Identificar a cadeia de valor, as funções produtivas e os produtos pelos quais cada elo da cadeia de valor é responsável.
que a cadeia gera.
• Caracterizar o mercado-alvo a que aspiram os objectos de atenção (produtores).
Organização de produtores.
Para começar a análise da cadeia, a identificação dos produtores como agentes dinâmicos da cadeia de valor da carne de bovino é da maior importância, pois é uma das estratégias utilizadas para que os produtores analisem a sua situação e se vejam como parte de uma cadeia de valor.
O resultado é que os produtores se apercebem da sua posição na cadeia e identificam o elo a que pertencem, bem como os serviços e produtos gerados pelos outros elos.
Os produtores presentes foram identificados como: Francisco Paredes, Rodolfo Ruiz, Enrique Ruiz, Jaime Naranjo, produtores de gado bovino.
Referiram o que produzem os seus efectivos de produção: vitelos com peso médio de 150 a 160 kg, novilhas com peso médio de 140 a 160 kg, vacas e touros de reforma das raças Simmental, Charolesa, Simbrah e Cebu. Vendendo vitelos e novilhas com uma idade média de 6 a 8 meses, o produtor Francisco Paredes produz queijo fresco regional, 56 kg por semana, vendendo ao público durante 3 meses.
Mencionaram os compradores locais: M.V., M. de J. V., O. M. F., R. A., R. Ch., L. J. H; os compradores externos: L. M., R. P., A. A., G. F., C. ., Subasta U.G.R. Sonora. Os produtores referem que levam os seus vitelos, vacas e touros para a A.G.L. de Sahuaripa para entregar aos compradores, porque a A.G.L. tem o inspetor para conceder a licença de trânsito e tem uma balança para pesar os animais.
Mapeamento da cadeia de valor.
O mapeamento da cadeia representa a oportunidade de os produtores localizarem o elo ao qual pertencem (INCA Rural, 2016), de modo que possam identificar os processos pelos quais o bezerro que produzem passa até chegar ao consumidor final.
O mapeamento da cadeia permite ao produtor ter uma visualização das funções e produtos gerados por cada elo e analisar onde tem impacto na cadeia de valor. No final, o objetivo é que o produtor seja capaz de identificar as funções, os produtos e os actores que mobilizam a cadeia.
O resultado do exercício de mapeamento da cadeia de valor é apresentado na figura abaixo.
EM QUE PONTO DA CADEIA NOS ENCONTRAMOS?

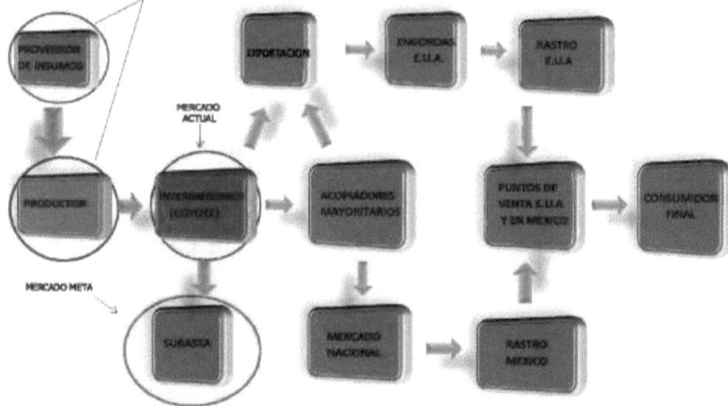

Figura 17: Mapeamento da cadeia de valor da carne bovina do GEIT 146 Sahuaripa.

No exercício, os participantes do workshop identificam as ligações, com o objetivo de mostrar o percurso desde a produção do vitelo até o produto chegar ao consumidor final. De acordo com os produtores, os elos em que estão envolvidos são: Fornecedor de insumos e como Produtores. Os produtores não se esquecem de mencionar os recursos naturais como parte do elo fornecedor, que fornece a matéria-prima necessária para que a atividade pecuária seja realizada em primeiro lugar. A Figura 85 mostra os produtos que cada elo da cadeia de valor produz.

Tabela 85. Produtos da cadeia.

FORNECEDOR DE FACTORES DE PRODUÇÃO	COLECTORES INTERMEDIÁRIOS ENGORDA O RASTREABILIDADE PONTOS DE DESTINO PRODUCTOREXPORT COYOTEMAJORITYREPASTOFINAL SALES
Forragens	Bezerros (a) Bezerros (a)Bezerros de boa criaFilhos queAnimaisCanais , Cortes y Dinheiro
Fardos de sorgo de alfafa.	140-160 kg140-160 kgcaracterísticascompõem-se a resíduos e subprodutos de minas posteriores subprodutos
Medicamentos de aconselhamento técnico	desejável para a norma de mercado relativa ao abate de couros e peles Vacas y tourosVacas y touros de exportação y em vigor resíduos, os resíduos . nacionais . permitem.que. sejam.utilizados.como.resíduos.
Ferramentas	exportação
Vitaminas y desparasitantes	Queso FrescoVacas y touros de por boas características
Combustível	Temporada para venda

Fonte. Elaboração própria, trabalho de campo 2016.

Fonte. Elaboração própria, trabalho de campo 2016.

Uma vez identificados os agentes que mobilizam a cadeia, que são os fornecedores locais de factores de produção, os produtores, os intermediários, os armazenistas, os exportadores, os engordadores, os matadouros, os frigoríficos, os pontos de venda e os consumidores finais, importa descrever as funções que cada elo desempenha (Figura 86).

Tabela 86. Funções das partes interessadas.

FORNECEDOR DE FACTORES	PRODUTOR	INTERMEDIÁRIO COYOTE	ARMAZENADORES MAIORITÁRIO	EXPORTAÇÃO	ENGORDA 0 ENGOR	RASTREAR	PONTOS PARA	DESTINO FINAL

DE PRODUÇÃO			S		DA 0 ENGORDA		VENDA	
Disponibilidade dos produtos procurados pelo produtor.	Produzir vitelos (a) 140-160 kg Vacas y touros de reforma.	Entrega de vitelos (a) 140-160 kg Vacas y touros de reforma. Financiamento	Vitelos com boas características desejáveis para o mercado nacional e de exportação. Vacas y touros de boas características para venda	Comprar vitelos que cumpram a regulamentação atual que permite que o seu exportação	Produção de animais acabados para abate	Abate de animais	Vender Cortes	Pagar o produto

Fonte. Elaboração própria, trabalho de campo 2016.

É muito importante conhecer os actores pelo nome em cada ligação para identificar e personalizar o seu mercado-alvo (Figura 87).

Tabela 87. Actores da cadeia.

FORNECEDOR DE FACTORES DE PRODUÇÃO	PRODUTOR	INTERMEDIÁRIO COYOTE	ARMAZENADORES MAIORITÁRIOS	EXPORTAÇÃO	ENGORDA 0 ENGORDA 0 ENGORDA	RASTREAR	PONTOS DE VENDA	DESTINO FINAL
RECURSOS NATURAL (Água, Solo, Clima, Fauna e Flora) Hardware Cooperativa Veterinaria El Rancho Assistência técnica A.G.L. Sahuaripa	Pequenos produtores do ejido Sahuaripa, La Tasajera, San MateoyUnidad de Riego II Torreon	Manuel Valdez, Manuel de Jesus Villalobos, Oscar Mario Fimbres, Rogelio Armando Aguayo, Lorenzo julio Hurtado	Rosendo Chaparro	Claudio Trahin, Ricardo Ochoa, Juan Ochoa, Ernesto Luzania, Daniel Barancini	A sua carne, Contreras, Rancho 17, Yoreme, Procapson Cactus, Red Rock, Morales	Municipal, Estado, FIT	Super del Norte, Ley, Bodega Aurrera, Carnicerias	Consumidor

Fonte. Elaboração própria, trabalho de campo 2016.

Uma vez descritas as funções, os produtos e os actores de cada ligação, os produtores analisam o mercado-alvo que podem atingir ou a que podem aceder.

Mercado-alvo.

Os produtores, com o apoio dos outros intervenientes no workshop, identificaram o mercado-alvo, conhecendo o destino ideal para o seu produto. O mercado-alvo proposto pelos produtores é o leilão da Union Ganadera Regional de Sonora, que fica a 210 km de distância.

Depois de identificar o mercado-alvo, é necessário ver que condições e características são necessárias para a compra do produto (Quadro 88).

Tabela 88. Características e condições do mercado-alvo.

CARACTERÍSTICAS	CONDIÇÕES
CASTRADOS	LEVÁ-LOS PARA AS CAVES DE LEILÃO
SAUDÁVEL	BRINCO SINIIGA, FERRADURAS, SINAL DE SANGUE
PESO UNIFORME	FACTURA
RAÇAS NÃO LEITEIRAS (HOLSTEIN, BROWN SWISS, JERSEY)	GUIA DE TRÂNSITO

RAÇAS EUROPEIAS (CHAROLÊS, LIMOUSIN, ANGUS, HEREFORD, ETC.)	NÃO HÁ BEZERROS LEPROSOS (BEZERROS PEQUENOS COM MENOS DE 100 KG)
	O PRODUTOR ESTÁ INSCRITO NO LEILÃO
	2% DA VENDA É COBRADO
	O SINDICATO É O ÚNICO QUE VENDE E ALIMENTA O GADO.

Fonte. Elaboração própria, trabalho de campo 2016.

É feita uma comparação entre o produto que é produzido e o que o mercado-alvo exige (Quadro 89). Identificar inovações nos processos de trabalho para satisfazer as exigências do mercado-alvo.

Quadro 89: Produto atual vs. produto procurado pelo mercado-alvo

CARACTERÍSTICAS DO PRODUTO ACTUAL	CARACTERÍSTICAS EXIGIDAS PELO MERCADO
VITELOS COM PESO ENTRE 15 E 160 KG	VITELOS COM PESOS UNIFORMES
RAÇAS EUROPEIAS E SEUS CRUZAMENTOS (CHAROLÊS, SIMMENTAL, SIMBRAH, ZEBU CROSS)	RAÇAS EUROPEIAS E SEUS CRUZAMENTOS (CHAROLAIS, LIMOUSIN, GELBVIEH, SIMBRAH, ANGUS, BLACK BRANGUS)
A MAIORIA CASTRA OS VITELOS	CASTRADO E SAUDÁVEL
FERRADURAS, BRINCO SINIIGA, SINAL DE SANGUE, SINAL DE SANGUE	FERRADURAS, BRINCO SINIIGA, SINAL DE SANGUE, SINAL DE SANGUE
ALGUMAS PESSOAS DOENTES ENTREGAM-SE (NUVEM NO OLHO, ALEIJADOS, DOENTES, ETC.)	CONHECIMENTO DE EMBARQUE, FACTURA
	LEVÁ-LOS PARA AS CAVES DE LEILÃO

Fonte. Elaboração própria, trabalho de campo 2016.

Depois de terem identificado as diferenças entre o produto atual e o que o mercado alvo exige, os produtores, os extensionistas e os investigadores do INIFAP propõem-se realizar uma série de actividades para satisfazer a procura do mercado alvo (Quadro 90).

Quadro 90: Actividades para satisfazer as exigências do mercado-alvo.

Quadro 90: Actividades para satisfazer as exigências do mercado-alvo.
ACTIVIDADES
CRIAÇÃO DE PRADOS DE BÚFALO
REABILITAR OS PRADOS
AMOSTRAS DE CO-PRO
COMPRA DE GARANHÕES DE REGISTO
TROCA DE GARANHÕES
AJUSTAMENTO DA CARGA ANIMAL
MANTER REGISTOS ECONÓMICOS E DE PRODUÇÃO
UTILIZAR CORRECTAMENTE A GESTÃO DA ÁGUA PARA IRRIGAÇÃO, FERTILIZAÇÃO, CONTROLO DE ERVAS DANINHAS E DOENÇAS (FALSA ARTEMÍSIA).
REFLORESTAÇÃO DE PLANTAS NATIVAS
FORMAÇÃO, CURSOS OU PALESTRAS SOBRE A PRODUÇÃO DE SILOS

Fonte. Elaboração própria, trabalho de campo 2016.

Fonte. Elaboração própria, trabalho de campo 2016.

Processo de trabalho.

Uma vez identificadas as actividades para satisfazer a procura do mercado alvo, identificam-se os processos de trabalho associados às características e condições do mercado alvo. Com o objetivo de que os produtores e os extensionistas possam identificar o processo associado a cada caraterística e condição (Quadro 91).

Tabela 91. Processos associados ao produto procurado pelo mercado-alvo.

CARACTERÍSTICAS E CONDIÇÕES DO PRODUTO PROCURADO PELO MERCADO	PROCESSO ASSOCIADO
VITELOS COM PESOS UNIFORMES	PROCESSO DE REPRODUÇÃO
RAÇAS EUROPEIAS E SEUS CRUZAMENTOS (CHAROLAIS, LIMOUSIN, SIMMENTAL, ANGUS, SIMBRAH, BLACK BRANGUS)	SELECÇÃO DE SUBSTITUTOS
CASTRADO E SAUDÁVEL	GESTÃO DO EFECTIVO PECUÁRIO E PREVENÇÃO DE DOENÇAS
FERRADURAS, BRINCO SINIIGA, SINAL DE SANGUE, SINAL DE SANGUE	GESTÃO DOS EFECTIVOS
CONHECIMENTO DE EMBARQUE, FACTURA	ADMINISTRATIVO
LEVAR OS VITELOS A LEILÃO	LOGÍSTICA (TRANSPORTES)

Fonte. Elaboração própria, trabalho de campo 2016.

O passo seguinte é a descrição de cada uma das actividades realizadas pelos actores nos processos de trabalho que estão envolvidos na obtenção de bens ou serviços para o mercado alvo. Os produtores acompanhados pelo seu extensionista elaboram uma descrição das actividades que realizam para produzir os produtos que vendem (Quadro 92).

Tabela 92. Processos de trabalho actuais.

O que é que eu faço?	Como é que o faço?	O que é que eu uso?	Que quantidade devo utilizar?	Quanto é que custa?	Total $	Observações
Rotação dos piquetes	O gado é conduzido de um paddock para outro, utilizando vaqueiros e cavalos.	Vaqueiro (2 dias) Cavalo (2 dias) Alfafa		$500.00 $150.00 $80.00	$1,000.00 $600.00 $160.00	O trabalho é efectuado durante dois dias, se sobrarem animais, o mesmo proprietário procura-os para os mudar de um dia para o outro. paddock.
suplementação mineral	Os suplementos minerais são	Bloco de minerais Rancho min		$180.00	$3,600.00	Realiza-se ao longo de todo o ano.

	comprados.					
Vacinação, ferraduras, brincos	Todo o gado é reunido no curral para ser trabalhado por vaqueiros e cavalos.	Vacina8 estirpes/50 animais Seringa para gelo Agulhas Agulhas Arete SINIIGA Chavinda Vaquero (3 dias)	1 1 5 10 1 1	$200.00 $150.00 $20.00 $5.00 $50.00 $500.00 $250.00	$200.00 $150.00 $40.00 $25.00 $500.00 $500.00 $750.00	Estas actividades são realizadas em simultâneo , aproveitando o facto de o gado ser recolhido no mês de outubro novembro.
Desmame	Todo o gado é conduzido para o curral por cowboys e cavalos.	Feno de sorgo (fardos) Vaqueiro (3 dias)	25	$50.00 $500.00	$1,250.00 $1,500.00	O desmame tem lugar duas vezes por ano, as vacas são confinadas num curral, alimentadas com fardos de sorgo durante 10 dias, após o que lhes são colocadas argolas no nariz para as soltar e evitar que se colem à vaca. São elas próprias que fazem as narinas.
Lotificação de animais	As vacas são apalpadas para identificar os bovinos por estado fisiológico.	Médico veterinário	1	40.00/vaca	?	É utilizado quando o gado é reunido nas corridas para realizar a atividade, separando o gado de acordo com o seu estado fisiológico.

Fonte. Elaboração própria, trabalho de campo 2016.

É provável que os produtores se deparem com a necessidade de efetuar mudanças nos seus processos de trabalho para garantir a qualidade do produto ou serviço exigido pelo mercado. As mudanças podem representar a incorporação de inovações já testadas por outros actores, o extensionista juntamente com o produtor e o INIFAP apresentam processos de trabalho ideais para a produção de vitelos (Quadro 93).

Tabela 93. Processo de trabalho ideal.

FASES DO PROCESSO DE PRODUÇÃO	O QUE É QUE FAZ?	O QUE?
IMPLANTAÇÃO DE VITELOS	Um implante é aplicado na orelha do vitelo a partir dos 3 meses de idade.	- Aplicador de implantes - Pessoa com conhecimentos de manuseamento de implantes - Cowboy e cavalo
MANTER REGISTOS PRODUTIVO E ECONÓMICO	Os dados de produção do animal são anotados num caderno ou numa folha de papel para manter um registo dos acontecimentos.	- Pena - Caderno ou folhas
INTERROMPIDO PRECOCEMENTE	As vacas de 4 meses são reunidas e desmamadas definitivamente da vaca e alimentadas.	- Alimentação - Currais ou cercados - Comedouros
SUPLEMENTAÇÃO DIFERENCIAL DOS VITELOS (CREEP FEEDING)	Os recintos vedados são construídos de modo a que só os vitelos tenham acesso a eles e possam consumir forragem ou concentrado.	- Comedouros vedados - Forragem ou concentrado
UTILIZAR TOUROS DE REGISTO	Selecionar touros de registos com tamanho adequado e características produtivas e reprodutivas desejáveis.	- Informações DEP
CRIAR OU REABILITAR PRADOS DE BÚFALO	A maquinaria é utilizada para quebrar o solo e promover a retenção e absorção de humidade.	- Trator, grade, arado - Jornal - Sementes de búfalo
REGULAÇÃO DA CARGA ANIMAL	É efectuado um estudo do coeficiente de pastagem para determinar a capacidade de carga animal da exploração.	- Amostragem de pastagens - Pessoa com experiência em estudos de amostragem e determinação do coeficiente de pastagem.

Fonte. Elaboração própria, trabalho de campo 2016.

Uma vez desenvolvidos os processos de trabalho ideais, é necessário que os actores analisem os processos de trabalho ideais com os actuais, de modo a motivarem-se e comprometerem-se a fazer mudanças para garantir a qualidade do produto ou serviço exigido pelo mercado alvo (Tabela 94). Neste exercício, os extensionistas e os investigadores do INIFAP propõem ao produtor um processo de trabalho ideal com custos e rendimentos.

Tabela 94: Identificação de investimentos e retornos para cada processo.

	CONCEITO DE INVESTIMENTO	CUSTO	DESEMPENHO
PROCESSO DE TRABALHO "IDEAL" PARA SERVIR O MERCADO-ALVO	ESTABELECER PASTAGENS DE BÚFALO 10HA/ANO	$7.210,00/HA	PARA AUMENTAR A PERCENTAGEM DE PARTOS DE 50% PARA 60% (LOTE DE 302 VACAS EM
	ESTABELECER 1 HECTARE DE SORGO PARA A PRODUÇÃO DE SILOS	$5,760.00	
	AJUSTAMENTO DA CARGA ANIMAL	$5,000.00	
	MANTER REGISTOS ECONÓMICOS E DE PRODUÇÃO	$650.00	
	CONCEITO DE INVESTIMENTO	CUSTO	DESEMPENHO
	PREPARAÇÃO DE ISCO ENVENENADO	$271.00	2.300 HA)
	PREPARAÇÃO DE CHÁ DE MINHOCA (RECIPIENTE DE 20 KG)	$390.00	
	TESTES DE FERTILIDADE DE TOUROS	$950.00	
	TOTAL:	**$85,121.00**	
PROCESSO DE TRABALHO ACTUAL	ROTAÇÃO DO PADDOCK	$1,760.00	50% DE TAXA DE PARTO
	SUPLEMENTAÇÃO MINERAL	$3,600.00	
	VACINAÇÃO, FERRARIA, APALPAÇÃO DE ORELHAS	$2,165.00	
	DESCONTINUAR	$2,750.00	
	LOTARIAS DE GADO	$40.00/COW	
	TOTAL:	**$11,475.00**	

Fonte. Elaboração própria, trabalho de campo 2016.

Identificação de inovações para servir o mercado-alvo.

A comparação entre o processo ideal e o atual permite estabelecer quais as actividades do processo de trabalho que já são feitas mas que precisam de ser melhoradas e quais as que devem ser incorporadas. Após a análise dos processos de trabalho, as inovações foram identificadas pelos agricultores, extensionistas e investigadores do INIFAP (Quadro 95).

Quadro 95. Inovações identificadas.

Número	Inovação
1	CRIAÇÃO DE PRADOS DE BÚFALO
	TESTE DE FERTILIDADE
	EXPULSÃO DE ANIMAIS IMPRODUTIVOS
	INSEMINAÇÃO ARTIFICIAL
5	AJUSTAMENTO DA CARGA ANIMAL
	PROCESSAMENTO DE SILOS

Fonte. Elaboração própria, trabalho de campo 2016.

A partir da identificação das inovações, é necessário definir os resultados a serem obtidos, o calendário dos resultados e os seus indicadores. Nesta fase, os agricultores, juntamente com os extensionistas, efectuam o exercício de determinação dos resultados e do calendário para os alcançar (Quadro 96).

Quadro 96: Resultados a atingir num prazo definido.

Resultado a alcançar	Indicador	Fórmula	Linha de base	Objetivo	Tempo
Aumentar a	Percentagem de	Percentagem de	50%	60%	4 anos

percentagem de partos em 10% (50-60).	nascimentos	nascimentos no ano que foi implementado inovações/Percentagem de nascimentos programadosXl 00			
Reduzir o Tempo para o desmame.	Meses médios de desmame	Meses de desmame da situação de referência - Meses de desmame com adoção de inovações/Meses de desmame da situação de referência - Meses de desmame metaX100	8 meses	5 meses	2 anos
Melhorar a condição corporal da vaca.	Dias de vacas abertas	Dias desde o parto até ao carregamento a partir da linha de base - Dias desde o parto até ao carregamento com a adoção de inovações/Dias desde o parto até ao carregamento a partir da linha de base - Dias desde o parto até ao carregamento a partir da linha de base - Dias desde o parto até ao carregamento a partir da meta linhaX100	210 d^as	165 dias	3 anos
Aumento da produção de fardos de forragem.	Fardos de forragem por hectare	Fardos produzidos com a adoção de inovações/Fardos produzidos programados X100	80	92	2 anos

Fonte. Elaboração própria, trabalho de campo 2016.

GESTÃO DA INOVAÇÃO.

Por gestão da inovação para a melhoria competitiva entendemos o roteiro de trabalho que visa organizar e direcionar os recursos disponíveis (humanos, técnicos, financeiros, materiais, académicos, etc.) com a finalidade de implementar inovações ou melhorias que tenham sido identificadas como economicamente rentáveis, socialmente justas e ambientalmente viáveis nos processos de vida e de trabalho de pessoas, grupos sociais ou organizações económicas, de forma a atender à demanda do mercado-alvo (INCA Rural, 2016).

Caracterização das inovações.

Continuando com os workshops participativos, nesta altura os produtores devem identificar as inovações para nos permitir diferenciar entre inovações novas e testadas, se geram valor e de que tipo de inovação se trata (Quadro 97).

Quadro 97: Inovações que implicam mudança.

INOVAÇÃO	ESTÁ A GERAR VALOR?	DE QUE TIPO DE

Novo	Testado	QUE TIPO?	INOVAÇÃO?
	CRIAÇÃO DE PRADOS DE BÚFALO	Sim, económica e produtivamente; ao dispor de mais forragens, deixamos de alimentar o gado com fardos de luzerna, sorgo ou pastagens.	Em curso, em fase de preparação da pastagem para o estabelecimento do buffel.
	TESTES DE FERTILIDADE	Sim, economicamente; beneficia-nos porque garantimos que o garanhão é fértil.	Produção , a fim de certificar-se de que o garanhão está apto a reproduzir e é fértil.
	EXPULSÃO DE ANIMAIS IMPRODUTIVOS	Sim, económico; poupança na manutenção do efetivo através da remoção de animais improdutivos.	É necessário manter registos de gestão e de produção.
		Sim, económico; aumentámos o	Para a reprodução, é necessário

Novo	INOVAÇÃO Testado	ESTÁ A GERAR VALOR? DE QUE TIPO?	QUE TIPO DE INOVAÇÃO?
	INSEMINAÇÃO ARTIFICIAL	percentagem de partos e beneficiamos com a obtenção de animais de qualidade genética.	efetuar um diagnóstico gestação.
	REGULAÇÃO DA CARGA ANIMAL	Sim, do ponto de vista ambiental e económico; ao ajustar o encabeçamento, deixamos o gado que sustenta a exploração e não sobrecarregamos as pastagens, cuidamos do solo e da vegetação.	Em termos de gestão, trata-se de efetuar um estudo do coeficiente de pastagem.
	PROCESSAMENTO DE SILOS	Sim, económico; obtemos forragens de boa palatabilidade na estação seca a baixo custo.	O processo envolve a realização de diferentes tarefas de trabalho para a sua elaboração.

Fonte. Elaboração própria, trabalho de campo 2016.

Investimentos a efetuar para a realização dos investimentos.

As inovações a implementar têm um custo para os agricultores, pelo que é importante analisar e discutir os investimentos recomendados a efetuar para implementar as inovações (Quadro 98).

Tabela 98. Identificação de investimentos e retornos para cada processo.

	CONCEITO DE INVESTIMENTO	CUSTO	DESEMPENHO
PROCESSO DE TRABALHO "IDEAL" PARA SERVIR O	ESTABELECER PASTAGENS DE BÚFALO 10HA/ANO	$7.210,00/HA	AUMENTAR A PERCENTAGEM DE PARTOS DE 50% PARA 60% (LOTE DE 302
	ESTABELECER 1 HECTARE DE SORGO PARA TRANSFORMAÇÃO EM SILAGEM	$5,760.00	

MERCADO-ALVO	AJUSTAMENTO DA CARGA ANIMAL	$5,000.00	VACAS EM 2.300 HA).
	MANTER REGISTOS ECONÓMICOS E DE PRODUÇÃO	$650.00	
	PREPARAÇÃO DE ISCO ENVENENADO	$271.00	
	PREPARAÇÃO DE CHÁ DE MINHOCA (RECIPIENTE DE 20 KG)	$390.00	
	TESTES DE FERTILIDADE DE TOUROS	$950.00	
TOTAL:		**$85,121.00**	
PROCESSO DE TRABALHO ACTUAL	ROTAÇÃO DO PADDOCK	$1,760.00	PERCENTAGEM 50% DOS NASCIMENTOS
	SUPLEMENTAÇÃO MINERAL	$3,600.00	
	VACINAÇÃO, FERRARIA, APALPAÇÃO DE ORELHAS	$2,165.00	
	DESCONTINUAR	$2,750.00	
	LOTARIA DE GADO	$40.00/COW	
TOTAL:		**$11,475.00**	

Fonte. Elaboração própria, trabalho de campo 2016.

Neste ponto do exercício, os produtores, juntamente com os extensionistas, discutiram alguns conceitos dos investimentos para esclarecer dúvidas, uma vez que os produtores devem dimensionar os investimentos a serem feitos do ponto de vista económico, pois representa uma decisão importante.

Estratégia de gestão da inovação para a melhoria da competitividade.

O resultado da identificação de inovações e os exercícios anteriores representam um contributo fundamental para que os sujeitos de atenção definam a sua proposta de valor e a concretizem nas declarações de visão e missão (INCA Rural 2016). Durante o workshop, foi pedido aos produtores que definissem a sua visão e missão utilizando o esquema La Estrella (INCA Rural 2016).

É importante que os produtores definam numa declaração a visão que pretendem concretizar e a missão de como irão individual e coletivamente alcançar essa visão.

Visão e missão.

VISÃO	MISSÃO
Ser produtores de vitelos de bom peso para o mercado.	Somos produtores de gado que querem melhorar a nossa produção, adoptando inovações para melhorar a qualidade de vida das nossas famílias.

Objetivo geral.

OBJECTIVO GERAL	QUANTO TEMPO É QUE VAMOS LÁ CHEGAR?	PORQUE É QUE O PODEMOS FAZER?
Aumentar a produtividade através da aplicação de inovações e da apoio técnico para melhorar o nível de vida	Em 4 anos	- Estamos dispostos a trabalhar em equipa com os extensionistas e as instituições. - Estamos dispostos a fazer a nossa parte da melhor forma

| das nossas famílias. | | | possível (recursos, pessoal, pessoal, etc.) e estamos dispostos a fazer tudo o que estiver ao nosso alcance para ajudar. económicos, materiais e naturais). - Queremos melhorar e aprender. |

Uma vez estabelecida a visão, a missão e o objetivo geral, é importante estabelecer os resultados a alcançar para a melhoria competitiva da sua atividade económica, pelo que é importante verificar se os resultados contribuem para alcançar o objetivo (Quadro 99).

Quadro 99: Resultados a atingir.

QUE RESULTADOS PRETENDEMOS ALCANÇAR?	
R1	Aumentar a percentagem de partos em 10%.
R2	Reduzir o tempo até ao desmame.
R3	Melhorar a condição corporal da vaca.
R4	Aumento da produção de fardos de forragem.

Fonte. Elaboração própria, trabalho de campo 2016

Após a definição dos resultados a alcançar, foi pedido aos participantes no workshop que elaborassem um quadro para estabelecer indicadores para medir o sucesso dos resultados a alcançar, bem como para definir calendários de avaliação dos resultados (Quadro 100).

Quadro 100: Indicadores propostos para a melhoria da competitividade.

Resultado a alcançar	Indicador	Fórmula	Linha de base	Objetivo	Tempo
R1 Aumentar a percentagem de partos em 10% (50-60).	Percentagem de nascimentos	Percentagem de nascimentos no ano em que as inovações foram implementadas /Percentagem de nascimentos programados X 100	50%	60%	4 anos
R2 Reduzir o tempo até ao desmame	Meses médios de desmame	Meses de desmame da linha de base - Meses de desmame com adoção de inovações/Meses de desmame da linha de base - Objetivo dos meses de desmameX100	8 meses	5 meses	2 anos
R3 Melhorar a condição corporal da vaca.	Dias de vacas abertas	Dias decorridos desde o parto da vaca até ao carregamento a partir da linha de base - Dias decorridos desde o parto da vaca até ao carregamento com adoção de inovações - Dias decorridos desde o parto da vaca até ao carregamento a partir da	210 dias	165 dias	3 anos

		linha de base - Dias decorridos desde o parto da vaca até ao carregamento a partir da linha-alvo X 100			
R4	Aumento da produção de fardos de forragem.	Fardos de forragem por hectare	Fardos produzidos pela adoção de inovações/ Fardos programados X 100	80	92	2 anos

Fonte. Elaboração própria, trabalho de campo 2016.

Inovações/melhorias associadas à obtenção dos resultados.

Após o estabelecimento de indicadores para os resultados a alcançar, é necessário verificar a correspondência das inovações com os respectivos resultados. Assim, os resultados serão analisados um a um para estabelecer as melhorias e inovações a incorporar e a forma como serão contabilizadas as realizações.

Quadro 101: Inovações e acompanhamento dos resultados esperados.

FUNÇÃO PRODUTIVA	PROCESSO DE TRABALHO ENVOLVIDO	MELHORIAS OU INOVAÇÕES A INCORPORAR	RESULTADOS ESPERADOS DAS MELHORIAS	VAMOS FAZER COM QUE ISSO ACONTEÇA NA PCLM P (1 (2-3 DE 3 ANO) ANOS) S)ANOS)ANOS)	COMO É QUE NOS APERCEBE MOS DE QUE FOMOS BEM SUCEDIDOS (+ ANOS)ANO	COMO CONTABILIZAMOS AS REALIZAÇÕES
Reprodução	Gestão da reprodução.	Formação dos produtores em matéria de testes de fertilidade dos touros, palpação, registos de produção e abate de animais improdutivos.	Os produtores estão conscientes dos diferentes métodos de gestão para aumentar a percentagem de partos.	X	Número de produtores que participam na formação.	% de produtores que participaram na formação.
		Efetuar a palpação.	Aumentar a percentagem de parições em 10%.		Número de produtores que efectuaram a palpação.	% de produtores que efectuam a palpação.
		Testes de fertilidade de touros.			Número de produtores que efectuaram testes de	Número de touros testados quanto à fertilidade.

						fertilidade dos touros.	
		Manter registos de produção.				Número de produtores que mantêm registos de produção.	% de produtores que mantêm registos de produção.
		Eliminação de animais improdutiv os.		X		Número de produtores que rejeitaram animais improdutivos .	% de produtores que rejeitaram animais improdutivos.
Nutrição	Gestão da reproduç ão.	Formação dos produtores em matéria de métodos de desmame.	Os produtores estão consciente s da importânci a dos tipos de desmame.		X	Número de produtores que participam na formação.	% de produtores que participaram na formação.
		Formação em matéria de preparação de rações em função do tipo de animal e do estado fisiológico.	Os produtores fazem rações com as forragens disponíveis .			Número de produtores que participam na formação.	% de produtores que fazem rações.

FUNÇÃO PRODUTIVA	PROCESSO DE TRABALHO ENVOLVIDO	MELHORIAS OU INOVAÇÕES A INCORPORAR	RESULTADOS ESPERADOS DAS MELHORIAS	VAMOS FAZER COM QUE ISSO ACONTEÇA NA PCLM P (1 ANO)	(2-3 ANOS)	(+ DE 3 ANOS)	COMO É QUE NOS APERCEBEMOS DE QUE FOMOS BEM SUCEDIDOS	COMO CONTABILIZAMOS AS REALIZAÇÕES
		Efetuar a suplementação diferencial dos vitelos.	Menos stress desde a criação até ao desmame.				Número de produtores que efectuam a suplementação diferencial dos vitelos.	% de produtores que efectuam a suplementação diferencial dos vitelos.
		Desmame precoce.	Melhoria da condição corporal da vaca.				Número de produtores que efectuaram o desmame precoce.	% de produtores que desmamam cedo.
Nutrição	Alimentação.	Formação dos produtores sobre as necessidades nutricionais da vaca, o maneio pré e pós-parto.	Conhecer as diferentes obras de conservação existentes.				Número de produtores que participam na formação.	% de produtores que participaram na formação.
		Implementar um calendário de gestão pós-parto.	Melhorar a capacidade de carga da pastagem.		X		Número de produtores que efectuam trabalhos de conservação.	Número de obras efectuadas.
		Suplementação de vacas em parto.	Melhorar a condição corporal da vaca.				Número de produtores que suplementam as vacas.	% de agricultores que suplementaram as vacas.
Produção	Preparaçã	Formação	Que os		X		Número de	% de

157

o do terreno.	em boas práticas de lavoura, sementeira e importância da análise do solo e gestão de agroquímicos para controlo de pragas e doenças.	produtores estejam conscientes das boas práticas de lavoura, da importância da análise do solo e da densidade de sementeira para cada cultura.				produtores que participaram na formação	produtores que participaram na formação
	Efetuar a análise do solo.	Aplicação adequada de nutrientes no solo para um melhor rendimento das culturas.				Número de produtores que efectuam análises do solo	% de produtores que efectuaram análises do solo
	Calcular a densidade de sementeira.	Utilizar a quantidade certa de sementes para a cultura.				Número de produtores que calculam a densidade de sementeira	% de produtores que efectuaram a densidade de sementeira adequada.
	Preparação adequada dos terrenos.	Preparação adequada dos terrenos				Número de produtores que aplicam boas práticas de lavoura.	% de produtores que efectuaram boas práticas de mobilização do solo.
	Gestão de agroquímicos para o controlo de pragas e doenças.	Menos ervas daninhas na cultura.				Número de produtores que utilizaram agroquímicos.	% de produtores que aplicaram agroquímicos.

Fonte. Elaboração própria, trabalho de campo 2016.

Após a determinação dos resultados a serem alcançados e das inovações a serem implementadas, é importante que os produtores se comprometam a alcançar os resultados já propostos, pois sem a sua participação eles não serão realizados (Tabela 102).

Quadro 102: Resultados e compromissos acordados.

QUE RESULTADOS PRETENDEMOS ALCANÇAR?		QUAIS SÃO OS NOSSOS COMPROMISSOS?
R1	Aumentar a percentagem de partos em 10%.	Formar e ensinar os produtores a testar a fertilidade dos touros, diagnosticar a gravidez das vacas, manter registos de produção e abater os animais improdutivos.
.R2	Reduzir o tempo de desmame em 3 meses	Aprender a elaborar dietas para formar os produtores e realizar boas práticas de gestão dos vitelos.
.R3	Melhorar a condição corporal das vacas	Aplicar boas práticas de criação com as vacas no útero.
R4	Aumento da produção de fardos de forragem.	Efetuar uma análise do solo, aplicar a densidade de sementes necessária e evitar doenças e pragas.

Fonte. Elaboração própria, trabalho de campo 2016.

Capacidades a desenvolver.

As capacidades a serem desenvolvidas nos produtores são fundamentais, pois eles adotarão novas formas de trabalhar com suas técnicas e tecnologias. Por isso, é importante estabelecer e definir as aprendizagens como base para a elaboração de planos de formação específicos (INCA Rural 2016). Neste ponto, os extensionistas propõem as capacidades a serem desenvolvidas nos produtores (Tabela 103).

Quadro 103: Capacidades a desenvolver para melhorar a competitividade.

PROCESSO DE TRABALHO ENVOLVIDO	CAPACIDADES A DESENVOLVER
GESTÃO DA REPRODUÇÃO	Formar e ensinar os produtores a testar a fertilidade dos touros, diagnosticar a gravidez das vacas, manter registos de produção e abater os animais improdutivos.
GESTÃO DA PECUÁRIA	Aprender a elaborar dietas para formar os produtores e realizar boas práticas de gestão dos vitelos.
ALIMENTOS	Aplicar boas práticas de criação com as vacas no útero.
PREPARAÇÃO DO TERRENOS	Efetuar boas práticas de lavoura, análise do solo, aplicar uma densidade de sementes adequada e evitar doenças e pragas.

Fonte. Elaboração própria, trabalho de campo 2016.

Actores internos e externos a envolver na gestão da inovação.

Os extensionistas apresentam aos agricultores os actores a envolver na gestão das inovações para uma melhoria competitiva (Quadro 104).

<u>**Quadro 104: Actores internos e externos na gestão da inovação.**</u>

FUNÇÃO PRODUTIVA	PROCESSO DE TRABALHO ENVOLVIDO	INOVAÇÕES OU MELHORIAS A INCORPORAR	PARTES INTERESSADAS EXTERNAS INTERNAS ENVOLVIDAS
REPRODUÇÃO	GESTÃO DA REPRODUÇÃO	Formação dos produtores em matéria de testes de fertilidade dos touros, palpação, registos de produção e abate de animais improdutivos.	Extensionista, Patrocipes, produtor
		Efetuar a palpação.	Extensionista, patrocinador e produtor
		Testes de fertilidade de touros.	SAGARHPA, extensionista e agricultor
		Manter registos de produção.	Extensionista e produtor
		Eliminação de animais improdutivos	Produtor
NUTRIÇÃO	MANUSEIO DE CRIAÇÃO	Formação dos produtores em matéria de métodos de desmame.	Extensionista e Patrocipes
		Formação em matéria de preparação de rações em função do tipo de animal e do estado fisiológico.	Extensionista e Patrocipes
		Efetuar a suplementação diferencial dos vitelos.	Extensionista e produtor
		Desmame precoce.	Extensionista e produtor
NUTRIÇÃO	ALIMENTOS	Formação dos produtores sobre as necessidades nutricionais da vaca, o maneio pré e pós-parto.	Extensionista e Patrocipes
		Implementar um calendário de gestão pós-parto.	Extensionista, patrocinador e produtor
		Suplementação de vacas em parto.	Extensionista e produtor
PRODUÇÃO	PREPARAÇÃO DO TERRENO	Formação em boas práticas de lavoura, cálculo da densidade de sementeira e importância da análise do solo e da utilização de agroquímicos para o controlo de pragas e doenças.	Extensionista e INIFAP
		Efetuar a análise do solo.	Extensionista e produtor
		Calcular a densidade de sementeira	Extensionista, produtor e INIFAP

		Preparação adequada dos terrenos.	Extensionista, produtor e INIFAP
		Gestão de agroquímicos para o controlo de pragas e doenças.	Extensionista, produtor e INIFAP

Fonte. Elaboração própria, trabalho de campo 2016.

Actividades de curto prazo para a gestão da inovação.

Uma vez estabelecidos os resultados a serem alcançados, os compromissos, os indicadores, as capacidades a serem desenvolvidas e os atores internos e externos, é elaborado um cronograma geral das atividades a serem realizadas para determinar as ações de gestão dos resultados. Um cronograma geral e um cronograma específico foram elaborados com os atores que participaram das oficinas, concluindo assim a agenda de inovação da carne bovina do GEIT 146 Sahuaripa, na qual são definidas as inovações a serem implementadas e as atividades a serem realizadas para a melhoria competitiva.

BIBLIOGRAFIA

Associação Mexicana de Veterinários Especialistas em Cerdos (AMVEC). (n.d.). https://www.amvec.com/

Blasko, B. (2010). World Importance and Present Tendencies of Dairy Sector (Importância mundial e tendências actuais do sector dos lacticínios). Universidade de Debrecen, Faculdade de Economia Aplicada e Desenvolvimento Rural. Editora Agroinform, Budpest.

CONAPO. (2005). Grau de marginalização por município. http://www.conapo.gob.mx/es/CONAPO/Datos Índice de Marginalização Aberta

Dominguez V., J.A., Leon Ch., M., Alonso, B. J.G., Gutierrez A. M. (2016). Fichas tecnicas para el Soporte Metodologico. Direção Geral de Desenvolvimento e Difusão. Instituto Nacional para o Desenvolvimento de Capacidades A.C.

Ducoing, W. A. E. (2011). Produção de leite de cabra: situação e perspectivas. Faculdade de Medicina Veterinária e Zootecnia, UNAM. Recuperado de: https://docplayer.es/6097082-   Produccion-de-leche-de-cabra-situacion-y-perspectivas.html

El sitio Porcino (24 de outubro de 2014). Análise do mercado internacional de carne de porco em 2013. Obtido em: https://www.elsitioporcino.com/articles/2549/analisis-de-mercado-internacional- de-cerdo-en-2013/

Estrada A., A. (2008). Transferência de tecnologia de inovações no sistema de gado de corte na região centro-norte do México. Nodo de Innovacion de bovinos carne del CIRNOC. Obtido em: http://docplayer.es/20373321-Transferencia-de-tecnologia-de-innovaciones-en- el-sitema-bovinos-came-in-la-region-norte-centro-de-mexico.html

Genesis Consultoria (2009). Estudo de mercado e sistema de comercialização para a exportação de carne para os EUA, Europa e Ásia a partir da planta TIF da UGR-BC 2009 - Genesis Consultoria; Union Ganadera Regional de Baja California.

Governo do Estado de Chihuahua (n.d.)   Ganadena. www.chihuahua.gob.mx/atach2/sdr/canales/Adjuntos/.../ganaderia.pdf Acesso em 14 de dezembro de 2015

Governo do Estado de Chihuahua (n.d.). Programa Sectorial 2010 - 2016. Secretaria de Desarrollo Rural de Gobierno del Estado.

Governo do Estado de Chihuahua (n.d.). Secretaria Desarrollo Rural del estado de Chihuahua. 2012. www.chihuahua.gob.mx/sdr/. Acedido em 20 de dezembro de 2015

Guerrero, C. M.M. (2010). La Caprinocultura en México, una Estrategia de Desarrollo. Revista Universitária Digital de Ciências Sociais (RUDICS). Vol. 11 No. 23. Facultad de Estudios Superiores, Cuautitlan. UNAM. http: //vi rtual.cuautitlan.unam. mx/rud ics/?p=403.

INCA RURAL (2016). Orientaciones metodologicas: Diseno de la Estrategia de Gestion de Innovaciones para la Mejora Competitiva. México: Secretaria de Agricultura, Ganaderia, Desarrollo Rural, Pesca y Alimentacion.

INCA RURAL (2016). Orientaciones metodologicas: Identificacion de innovaciones para la mejora competitiva de cadenas agroalimentarias. México: Secretaria de Agricultura, Ganadena, Desarrollo Rural, Pesca y Alimentacion.

INEGI (2021). Panorama General, Censo Agropecuario 2022. Conociendo México. Recuperado de: https://www.inegi.org.mx/contenidos/app/consultapublica/doc/descarga/CA2022/proyect

o/Presn ConsultaCA22.pdf

INEGI (n.d.). Actividades económicas. http://cuentame.inegi.org.mx/monografias/informacion/chih/economia/default.aspx?tema=me

INEGI. (2009). Prontuário de informação geográfica municipal dos Estados Unidos Mexicanos.
- Mexicali, Baja California, Chave Geoestatística 02002. Obtido em: https://www.inegi.org.mx/contenidos/app/mexicocifras/datos geograficos/02/02002.pdf

INEGI. (2011). Catalogo General de Localidades, julho de 2011. http://mapserver.inegi.org.mx/

INEGI. (n.d.). Sistema para la Consulta de Cuadernos Estad^sticos (Sistema de Consulta de Cadernos Estatísticos) http://www.inegi.gob.mx/est/contenidos/espanol/sistemas/cem05/nacional/index.htm

INEGI. Recenseamento da População e Habitação 2010. Principais resultados por localidade (ITER).

Informações básicas do Distrito 002 Rfo Colorado fornecidas pela SAGARPA em Baja California.

Islas, O. E. (2011). Diagnostico Sectorial en el Estado de Hidalgo 2010. Editorial em Talleres Graficos del Gobierno de Hidalgo.

Luevano G. A. (2013). Workshop sobre resolução de problemas em unidades de produção de caprinos no México. Unidade Técnica Especializada Caprina. Universidad Autonoma Agraria Antonio Narro, Torreon Coahuila.

Mapa de distribuição das estradas fornecido pela Secretaria de Comunicaciones y transportes.

Mapa do Distrito de Irrigação fornecido pela Comissão Nacional da Água.

OCDE (2011). Análise da extensão agrícola no México. Com a colaboração do Instituto Interamericano de Cooperação para a Agricultura (IICA). Paris, França. Recuperado de: https://www.gob.mx/cms/uploads/attachment/file/345321/FINAL Extension PaperSpanish Ver sion 03Sep 2011.pdf

OEIDRUS Baja California http://www.oeidrus-bc.gob.mx

Panorama Agroalimentario, FIRA; Direção de Análise Económica e Consultoria; Carne de suíno 2010 - 2011

Perez Z., O. (n.d.) Sistema de Produccion Porcina. Colegio de Posgraduados. - SAGARPA. Subsecretaria de Desenvolvimento Rural, Direção Geral de Apoios para o Desenvolvimento Rural. Recuperado de   : http://www.ciap.org.ar/Sitio/Archivos/Sistema%20de%20produccion%20Porcina.pdf

Popp, J. 2010. Milyen tejet iszunk 2018-ban In: Haszon Agrar Magazin http://www.haszon.hu/allttenyeszttes/390-milyen-tejet-iszunk-2018-ban.html (descarregado:26, janeiro de 2011)

Quezada, Manuel (2016). http://eldiariodechihuahua.mx/Regional/2016/09/12/chihuahua-en-el- ranking-nacional-en-produccion-lechera-/.

SAGARPA (2016). DDR 146 Sahuaripa. SAGARPHA. Governo do Estado de Sonora. Recuperado de: http://oiapes.sagarhpa.sonora.gob.mx/d 146.pdf

SAGARPA. (2002). Um diagnóstico da região. Distrito de Desarrollo Rural Numero 013, Delicias, Chihuahua, México.

Saucedo T., R.A., Rubio A., H.O., Jimenez C., J.A., De La Fuente M., M.L., Jurado G., P. (2015). Mitos y realidades de la ganaderia chihuahuense. Diagnóstico através de um inquérito aos produtores. Revista Chihuahua Ganadero (no prelo).

Secretaria de Fomento Agropecuário (2011). Estudo estatístico sobre a criação de suínos na Baixa Califórnia. Gabinete de Informação do Estado para o Desenvolvimento Rural Sustentável. Publicado em janeiro de 2011. Recuperado de: https://www.nacionmulticultural.unam.mx/empresasindigenas/docs/1933.pdf

SEDESOL. (s.d.). Catalogo de microrregiones de la SEDESOL. http://cat.microrregiones.gob.mx/catloc/contenido.aspx?clave=020030001&tbl=tbl0

SEDESOL. Programa de Desenvolvimento de Zonas Prioritárias (PDZP). Estimativas do CONEVAL, com base no INEGI, II Conteo de Poblacion y Vivienda 2005 e ENIGH 2005.

SENASICA (2004). Manual de Boas Práticas de Produção em Granjas Porteiras. SAGARPA, SENASICA. Centro de Investigacion en Alimentacion y Desarrollo, A.C. Unidade de Hermosillo, Sonora. Recuperado de: https://www.amvec.com/web/content/19243

SENASICA. (n.d.). http://www.senasica.sagarpa.gob.mx/index/index.html

SIAP (2015). Capacidade de abate de espécies pecuárias http://www.siap.gob.mx/capacidad- de-sacrificio-de-species-pecuarias/ Acedido em 20 de dezembro de 2015.

SIAP (2015). http://www.siap.gob. mx/index.php?option=com content&view=article&id=181 &I temid=426 Acedido em 20 de dezembro de 2015

SIAP (2015). http://www.siap.gob.mx/index.php?option=com content&view=article&id=3&Ite mid=29 Acedido em 20 de dezembro de 2015

SIAP (2015). http://www.siap.gob.mx/pdfjs/web/viewer.php?file=Chihuahua.pdf. Acedido em 14 de dezembro de 2015.

SIAP (2017). Produção pecuária anual. Recuperado de Cierre de la produccion pecuaria por distrito. Recuperado de: http://infosiap.siap.gob.mx/anpecuario_siapx_gobmx/indexddr.jsp

SIAP (n.d.). http://www.siap.gob.mx/cierre-de-la-produccion-agricola-por-estado/

SIAP. (2014). InfografiaAgroalimentaria Chihuahua. 2014. http://www.siap.gob.mx/pdfjs/web/viewer.php?file=Chihuahua.pdf. Acedido em 14 de dezembro de 2015

SINIIGA (2017). Estatísticas Pecuárias PGN Bovinos. Sonora. Recuperado em 3 de fevereiro de 2017 de SINIIGA. Sistema Nacional de Identificação Individual de Gado: http://www.pgn.org.mx/_programs/estadistica-bis.php

Sipsone, R. K. (2010). Globalis tejhiany kovetkezhet. In: HFTE hirlevel, I. evfolyam, 8 szam. http://www.holstein.hu/hirek/2010 szept.pdf (downloads: 26, janeiro 2011).

Sistema de Informação Agroalimentar de Consulta SIACON. (2015). http://www.siap.gob.mx/index.php?option=com content&view=article&id=181&Itemid=426 Acedido em 20 de dezembro de 2015

Sistema Nacional de Informação e Integração de Mercados SNIIM (n.d.). http://www.economia- sniim.gob.mx/nuevo/.

Trejo, G.E. (20 de outubro de 2015). Consumo interno de carne bovina. *El Economista.* https://www.eleconomista.com.mx/. 20/10/2015.

Union Ganadera Regional de Baja California (2009). Estudo de mercado e sistema de comercialização para a exportação de carne para os EUA, Europa e Ásia a partir da planta TIF da UGR- BC 2009. Mexicali, B.C. novembro de 2009.

Villarreal-Gonzalez, J. R. 1988. El Impacto Socioeconomico de la Ganadena Lechera en la Region Lagunera. Revista Mexicana de Agro negocios, vol. III, num. 3, julho-dezembro, 1988. Sociedad Mexicana de Administration Agropecuaria, A. C. Torreon, México. ISSN: 1405-9282.

I want morebooks!

Buy your books fast and straightforward online - at one of world's fastest growing online book stores! Environmentally sound due to Print-on-Demand technologies.

Buy your books online at
www.morebooks.shop

Compre os seus livros mais rápido e diretamente na internet, em uma das livrarias on-line com o maior crescimento no mundo! Produção que protege o meio ambiente através das tecnologias de impressão sob demanda.

Compre os seus livros on-line em
www.morebooks.shop

Printed by Books on Demand GmbH, Norderstedt / Germany